Entwicklung des Physik- bzw.
Technik-Begriffs in der griechischen Naturphilosophie

Europäische Hochschulschriften
Publications Universitaires Européennes
European University Studies

**Reihe XI
Pädagogik**

Série XI Series XI
Pédagogie
Education

Bd./Vol. 888

PETER LANG
Frankfurt am Main · Berlin · Bern · Bruxelles · New York · Oxford · Wien

Konstantinos Andreou

Entwicklung des Physik- bzw. Technik-Begriffs in der griechischen Naturphilosophie

PETER LANG
Europäischer Verlag der Wissenschaften

Bibliografische Information Der Deutschen Bibliothek
Die Deutsche Bibliothek verzeichnet diese Publikation in der
Deutschen Nationalbibliografie; detaillierte bibliografische
Daten sind im Internet über <http://dnb.ddb.de> abrufbar.

Zugl.: Duisburg, Univ., Diss., 2002

D 464
ISSN 0531-7398
ISBN 3-631-38486-6

© Peter Lang GmbH
Europäischer Verlag der Wissenschaften
Frankfurt am Main 2003
Alle Rechte vorbehalten.

Das Werk einschließlich aller seiner Teile ist urheberrechtlich
geschützt. Jede Verwertung außerhalb der engen Grenzen des
Urheberrechtsgesetzes ist ohne Zustimmung des Verlages
unzulässig und strafbar. Das gilt insbesondere für
Vervielfältigungen, Übersetzungen, Mikroverfilmungen und die
Einspeicherung und Verarbeitung in elektronischen Systemen.

www.peterlang.de

Vorwort

Die Frage, die uns in dieser Arbeit beschäftigte, ist, ob die Welt der Antike eine chaotische Welt von endlosen Spekulationen war, oder ob es auch Versuche von Denkern gab, welche die Realität – wir meinen die Realität des Äußeren der Welt des Menschen – in feste Verbindung mit diesen Spekulationen zu bringen sich bemühten.
Eine zweite Frage, die im Zusammenhang mit der ersten auftaucht, ist, inwiefern diese Denker eine Tradition etablieren konnten und auch inwieweit sich die Kontinuität dieser Tradition erstreckt.
Den Beginn machen die Vorsokratiker. Sie aber entwickeln ihre Naturphilosophie gegen die menschliche Natur, die sie als etwas ganz Materielles ansehen. Vielleicht war das nicht ihr Ziel bzw. sie hatten das ohne Absicht gemacht. Das Ergebnis aber war, dass sie den Menschen einer allmächtigen und auch unbestimmten Natur unterwarfen.
In der späteren Zeit verfolgt Sokrates im kontinentalen Griechenland einen anderen Weg in der Philosophie, der an den menschlichen Problemen orientiert ist. Platon, sein Schüler, setzt diese Untersuchung anthropologischer und moralischer Fragen fort. Gleichzeitig macht er erhebliche Einwände gegen die Naturphilosophie der Vorsokratiker.
An dieser Stelle müssen wir einiges aus der Geschichte der Stadt der Athener erklären. Athen war in der Zeit von Platon die reichste und mächtigste Stadt der Antike. Es waren reiche Leute, die sich mit Handel beschäftigten, aber auch Handwerker, die über politischen Einfluss verfügten. Man kann sagen, dass diese Leute die Demokratie und den Kurs Athens bestimmten. Diese Tatsache ist heute historisch bestätigt. Solche Leute nahmen in einer natürlichen Weise ganz oberflächliche philosophische Ansichten an. Sokrates und noch stärker Platon verwarfen genau diesen Lebensstil. So verstehen wir, warum Platon so streng gegen die Vorsokratiker ist, die wie Anaximander z.B. behaupteten, dass der Mensch von den Fischen abstammt. Die Philosophie der Vorsokratiker war, mit anderen Worten, ein bequemes Mittel für die Ziele und Lebensweise der Kaufleute und Gewerbetreibenden des damaligen Athens.
Platon konnte wegen der Auseinandersetzung, welche er mit der Philosophie der Vorsokratiker hatte, in seiner Akademie der Physik keine angemessene Rolle geben.
Der Philosoph, den wir als Begründer der Physik, wenn auch nicht im Sinne einer exakten Naturwissenschaft, bezeichnen können, ist ohne Zweifel Aristoteles. Er hat die schwachen Punkte der Betrachtungsweise der Vorsokratiker gut erblickt, erkannte aber auch die Übertreibungen seines Lehrer Platon. Aristoteles, kann man sagen, brachte die damalige Physik auf die Erde. Er befasst sich systematisch mit der Welt der Natur und in dieser Richtung ist er der erste Philo-

soph, der die nähere Welt des Menschen zu erklären versucht, im Gegensatz zu den Mega- und Mikrotheorien der Vorsokratiker oder zu dem spekulativen philosophischen System, das Platon aufbaute. Aristoteles unterschätzt weder, noch überschätzt er den Nutzen, den ein Studium der Natur liefert. Mit ihm fängt die Naturwissenschaft an, ein besonderer Raum der menschlichen Aktivität zu sein. Nicht eine Allmacht wie bei den Vorsokratikern, aber auch nicht ein armseliger Verwandter der Philosophie, wie es Platon gemacht hatte. Es geht nämlich um eine Emanzipation der Naturwissenschaft oder eine von der Naturphilosophie unabhängige wissenschaftliche Gestaltung.

Das aristotelische Werk war in den Anfängen der Neuzeit starken Angriffen ausgesetzt. Aristoteles wurde vorgeworfen, durch seine Autorität die wissenschaftliche Entwicklung verhindert zu haben. Trotz der Vorwürfe bleibt als historisch unbezweifelte Tatsache, dass, wo die Aristotelische Physik hinreichte, auch der Ausgangspunkt der Neuen Zeit (Galileo Galilei, Isaak Newton) war. Der Gegensatz zweier Wissenschaften, der wissenschaftlichen Naturkunde und der mathematisch exakten Naturwissenschaft der Neuzeit, war eigentlich eine Kontinuität, wie wir es heute verstehen können.

Theophrast übernimmt die Leitung des Lyzeums nach Aristoteles' Weggang und folgt den gründlichen Richtungen des Aristotelischen Denkens.

So sind wir ungefähr in das Jahr 300 v. Chr. vorgedrungen, d.h. in die Zeit, in der sich Alexandria gründete, eine Stadt, die von Anfang an als Weltstadt fungierte.

Straton, der sogenannte „Physiker", folgt Theophrast in der Leitung des Lyzeums. Straton ist ein echter Physiker. Er übte keine allgemeine Philosophie im Lyzeum aus und vielleicht war das der Grund, weshalb die Schule einen Rückgang erlebte.

Straton ist eine Brücke zwischen Athen und Alexandria. Sofort nach der Gründung von Alexandria werden auch das Museum und die Bibliothek von Alexandria errichtet. Dieses Museum, das eine Kontinuität von 600 Jahren aufweist (der Name „Museum" hat keine Beziehung zu der heutigen Bedeutung), ist ein wirkliches Forschungsinstitut. In Kombination mit der Bibliothek lockt Alexandria all die berühmten Wissenschaftler jener Zeiten an.

Die Person, welche die Physik der Peripatetiker in Alexandria übertrug, war Straton. Er hatte persönliche Beziehungen zu dem König Ptolemaios II. Von Anfang an hatte das Museum als Vorbild in seiner Funktion die Arbeitsweise des Lyzeums. Man kommt hier auf die Frage: Was bleibt nun noch in Athen (nach der Gründung von Alexandria)?

Athen bleibt die Stadt, die immer noch Philosophen anlockt, und so ist es bis zum Ende der ganzen Antike bzw. bis ungefähr im sechsten Jahrhundert n. Chr. Wir erkennen, dass sich nach Aristoteles zwei philosophische Richtungen entwickeln: a) die Stoiker b) die Epikureer.

Ihr Betrieb und ihre Struktur bleibt ähnlich wie in den alten Zeiten von Platon. Gleichzeitig funktionieren verschiedene andere Schulen mit Schülern aus aller Welt wie auch Lehrern aus aller Welt. Die Produktivität aber dieser Schulen ist immer noch nur auf spekulativer Ebene. In Alexandria dagegen passiert etwas ganz Neues für die Welt der Antike. Der Geist dort ist mehr an technischen Neuerungen orientiert, und die Techniker benützen das physikalische Denken ihrer Vorläufer als Erklärungsweisen der Funktion ihrer Vorrichtungen, d.h. sie sind nicht einfache Handwerker, sondern Mechaniker, wie wir es heute nennen. Ähnlich waren auch die Entwicklungen in der Neuzeit. Nach einer theoretischen Vorbereitung des wissenschaftlichen Denkens kommen am Ende des 18. Jahrhunderts die technischen Anwendungen.

Das Museum, wo die meisten Wissenschaftler ihre Tätigkeiten ausübten, war eine staatliche Einrichtung bzw. königliche Stiftung. So war der hauptsächliche Förderer der König. Gewöhnlich unterstützten die Ptolemeer seine Aktivitäten, die nicht nur auf Physik und Mathematik beschränkt waren, sondern auch Grammatik, Literatur, Medizin u.a. umfassten. Einerseits war das gut, weil die Förderungen reichhaltig waren, andererseits aber waren die Wissenschaftler abhängig von der Stimmung einer einzigen Person: dem König.

So passierte es, dass Ptolemaios VIII. (ungefähr 150 v. Chr.) die notwendigen Förderungen einstellte. Auch bedrohte er die Gelehrten des Museums. Aus Mangel an Geld, aber auch aus Angst zerstreuten sich die Wissenschaftler im hellenistischen Raum an verschiedene Orte.

Das war ein erster starker Anschlag, welcher eine solch hoffnungsvolle Entwicklung beendete. An dieser Stelle erwähnen wir als einen Vergleich mit den Schulen von Athen, dass die Schulen dort privat waren und dem jeweiligen Leiter gehörten, der die Schule mittels Testament einem Nachfolger übertragen konnte.

Ein zweiter und vielleicht viel stärkerer Anschlag kam später, als die Römer das Reich der Ptolemeer eroberten (30 v. Chr.).

Dies sind zwei sichtbare negative Geschehnisse, die teilweise den frühen Verfall der hellenistischen Wissenschaft erklären können. Es gibt sicher noch andere Gründe, die diesen Verfall bewirkten, welche die Struktur und die Funktion der damaligen Wissenschaft betreffen. Auch soziologische Gründe scheinen eine wichtige Rolle in diesem Verfall gespielt zu haben.

Unsere Arbeit ist in zwei Einheiten unterteilt. In der ersten Einheit beschreiben wir die Entwicklung des physikalischen Denkens von den Vorsokratikern bis zum Ende der klassischen Zeit und versuchen zu zeigen, wie aus einer allgemeinen Naturphilosophie eine unabhängige, selbständige Naturwissenschaft entstand.

Wegen der Natur der in diesem Teil behandelten Themen (erste, primäre Annäherungen der physikalischen Welt, wie auch erste Definitionen von fundamentalen physikalischen Begriffen) wäre ein Studium der Physik dieser Epoche besonders geeignet für Schüler wie auch für Studenten der ersten Semester, weil sie wie jene ihre ersten Schritte machen und Fragen ähnlicher Natur stellen.

In der zweiten Einheit beschäftigen wir uns mit den technischen Entwicklungen der Hellenistischen Zeit. Wir haben es gewählt, nur die pneumatischen Werke der Techniker zu präsentieren, weil sie hier die schon vorhandenen Theorien der klassischen Zeit als Hintergrund benutzen, und folglich ist das Spektrum der technischen Anwendungen viel breiter, als jene eines Erfinders oder Handwerkes sein könnte. In diesem Teil präsentieren wir auch das naturwissenschaftliche Werk von Archimedes, da er als Techniker über pneumatische Werke keine Schrift hinterlassen hat.

Wir haben versucht, in der Präsentation der originalen Texte der Epoche treu zu bleiben. Deswegen wurden Übersetzungen ins Deutsche benutzt, die sich der Anerkennung im Rahmen der klassischen Philosophie erfreuen.

Inhaltsverzeichnis

Einleitung 12

A. Frühantike 13

   1. Vorsokratiker 15
      a. Thales von Milet 16
      b. Anaximander 17
      c. Anaximenes 18
      d. Der Süden von Italien 20
         1. Parmenides und Zenon von Elea 20
         2. Empedokles 21
         3. Pythagoras – Die Pythagoreer 23
      e. Anaxagoras 25
      f. Demokrit. Die Atomistische Theorie 26
   2. Platon und die Akademie 32
   3. Die Welt von Aristoteles 41
   4. Theophrast 74
   5. Straton von Lampsakos 77
   6. Die Stoiker 79
   7. Epikur 80
   8. Die wissenschaftlichen Errungenschaften der klassischen Zeit
      (Thales bis Aristoteles) 81
   9. Das Buch „Mechanik" der Aristotelischen Sammlung 91

B. Die Technik der Hellenistischen Zeit 101

   1. Die Mechaniker 101
      a. Ktesibios 103
      b. Philon von Byzanz 110
      c. Heron von Alexandria 119
   2. Archimedes 129

C. Epilog – Schlussfolgerung 140

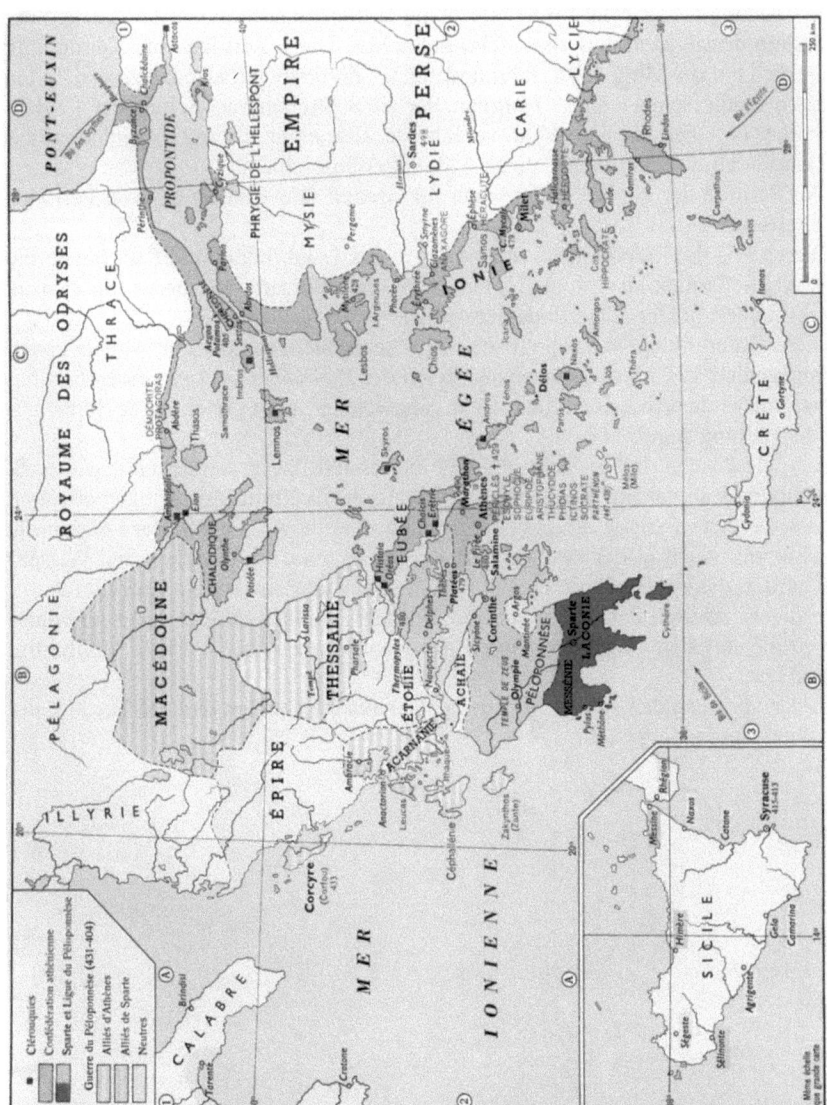

EINLEITUNG

Als Anfang der griechischen Philosophie und Wissenschaft der Antike wird der Beginn des 6. Jahrhunderts v. Chr. betrachtet. Diese Zeit hat eine Kontinuität, die sich bis zur Mitte des 6. Jahrhunderts n. Chr. erstreckt, also bis zu den Zeiten des byzantinischen Kaisers Justinian, der die Schließung der Schule der Neoplatoniker in Athen um 530 n.Chr. veranlasste. Hier endet die Antike und fängt das Zeitalter an, welches wir heute als Mittelalter bezeichnen.

Die Periode der Antike könnte man im Großen und Ganzen in zwei Perioden unterteilen:

Die erste – die Frühantike – welche bis in das 1. Jahrhundert v. Chr. reicht, die zweite – Spätantike – vom Beginn des 1. Jahrhunderts v. Chr. an bis zum 6. Jahrhundert n. Chr., dem Ende der Antike.

Diese Unterteilung ist aus politisch-historischer Sicht so gemacht, weil im ersten Jahrhundert v. Chr. die Römer das Reich der Ptolemeer in Ägypten erobert haben und es danach keinen Staat mehr gab, welcher unter griechischer Herrschaft oder Leitung stand.

Aus wissenschaftlicher Sicht, die uns interessiert, ist zu bemerken – wie es S. Sambursky in seinem Buch „Das physikalische Weltbild der Antike" erwähnt, dass die erste Periode eine reiche Produktion aufzuweisen hat, der Originalität zukommt. Auch in der zweiten Periode gibt es zwar Philosophen und Wissenschaftler, die Großes leisteten, bei ihnen handelt es sich aber um Einzelfälle.

In dieser zweiten Periode nimmt die Zahl der Kommentatoren und Kompilatoren, die mit den Errungenschaften der Denker der ersten Periode beschäftigt sind, zu.

In der vorliegenden Arbeit wird das physikalische Denken und die Technik der frühen Antike dargestellt.

DIE FRÜHANTIKE

Die Frühantike wird in drei Perioden eingeteilt.

1. Die Zeit der Vorsokratiker

So charakterisiert man die Epoche, die sich von Anfang des 6. bis Ende des 5. Jahrhunderts ausbreitet. Der Name „Vorsokratiker" zeigt schon, dass sie vor Sokrates (470 – 399 v. Chr.) gelebt haben. Das ist nicht genau so, weil einige von ihnen Zeitgenossen oder auch jünger als Sokrates sind (z.b. Demokrit). Ihren Namen verdanken sie mehr ihrer politischen Ausrichtung, das bedeutet, dass die Vorsokratiker hauptsächlich mit den natürlichen Phänomenen beschäftigt sind und diese Phänomene zu erklären versuchen.

2. Die klassische Zeit

Mit diesem Namen bezeichnet man das 4. Jh. Die Philosophie macht eine Wende, verlässt die äußere Welt und beschäftigt sich mit Problemen der inneren Welt des Menschen (Moral, Ethik). Derjenige, der diese Entwicklung eingeleitet hatte, war Sokrates. In dieser Zeit haben wir die Gründung zweier berühmter Schulen.

Die Schule von Platon (Akademie), die bis zum Ende der Antike wirksam bleibt. Die Schule von Aristoteles (Peripatos = das Wort bezeichnet schon die Art wie Aristoteles gelehrt hat und zwar hat er sich mit seinen Schülern unterhalten, indem er mit ihnen spazierengegangen ist).

3. Die hellenistische Zeit

So charakterisiert man die Zeit zwischen dem 4. Jh. v. Chr. und 1. Jh. v. Chr. Mit dem Namen "hellenistische Welt" bezeichnet man die Welt, die nach den Eroberungen von Alexander dem Großen entstand, sowie auch die Zivilisation,

die in dieser Welt herrschte. Zweifellos ist diese Periode diejenige, die besonders im technischen-wissenschaftlichen Bereich die größten Errungenschaften aufzuweisen hat. Auf philosophischem Gebiet entwickeln sich zwei neue Richtungen:
a. die Stoiker
b. die Epikureer.
Allgemein kann man bemerken, dass die frühe Periode – frühe Antike – sich in zwei parallelen Zweigen entfaltet:
1) abstraktes physikalisches Denken
2) Technik.

In den ersten drei Jahrhunderten (6. – 4. Jh.) sind die Denker und die Wissenschaftler zusammen, d.h., dass es eine Wechselwirkung zwischen physikalischem Denken und Wissenschaft gibt. Viele Male in dieser Periode sind die Denker auch die Wissenschaftler.
Als geographisches Zentrum dieser Fusion könnte man besonders die Stadt Athen betrachten.
In den nächsten Jahrhunderten (3. – 1. Jh.) gibt es eine Trennung oder genau genommen eine Spaltung von physikalischem Denken und Technik (Wissenschaft).
Das physikalische Denken bleibt immer in Athen (und das bis zum Ende der späten Antike), während die Technik sich stürmisch am anderen Ufer des Mittelmeeres entfaltet: in Alexandria. Es fehlt nämlich in der Technik das fundamentalische physikalische Denken (das in Athen bleibt) und im ab-strakten Denken fehlt die Technik (deren Zentrum besonders Alexandria ist).
Trotz der Spekulationen auf hohem Niveau und der Errungenschaften der Technik erreichte die Wissenschaft der Antike niemals die Organisierung und die Systematisierung der Wissenschaft der Neuzeit.
Mit Ausnahme von Archimedes, der die Definition des spezifischen Gewichtes gab und das Gesetz der Tragkraft erfand, trifft man bei den Autoren der Antike niemals auf physikalische Formeln.
S. Sambursky bemerkt an diesem Punkt, dass es ihnen nicht gelang, ein „kritisches Maß" an Kenntnissen zu überwinden, was für die Gestaltung einer wissenschaftlichen Sprache erforderlich gewesen wäre.

In unserer Arbeit verfolgen wir:
A) das physikalische Denken vom 6. – 1. Jahrhundert, also die Reihe: Vorsokratiker – Platon – Aristoteles, Theophrast, Straton (Peripatetische Schule) – Epikur (Epikureer) - Stoiker
B) die Technik derselben Zeit

DIE VORSOKRATIKER

Wie gesagt bezeichnet der Name "Vorsokratiker" die Philosophen – überwiegend die Naturphilosophen – die vor Sokrates ihre Tätigkeit entwickeln. Diese Philosophen aktivieren sich in zwei geographischen Gegenden: In Kleinasien, nämlich an den ägäischen Küsten und im Süden der italienischen Halbinsel. Bemerkenswert ist, dass an dieser ersten Entstehung der Philosophie und Wissenschaft das kontinentale Griechenland keine Teilnahme hat. E. Schrödinger[1] in seinem Buch „Natur und die Griechen" erwähnt drei Gründe soziologischer Natur, die auf eine solche Entwicklung in diesen Orten geführt haben.

Erstens: Die Männer, welche zur ersten Fundierung der Wissenschaft beigetragen haben, waren Bürger von kleinen Staaten, welche in er Regel entweder eine demokratische Regierung hatten oder von inspirierten Tyrannen regiert waren, die das freie Denken bevorzugten. Letzteres gilt natürlich nicht für ein mächtiges Kaisertum, das gewöhnlich ein Feind freien Denkens ist.

Zweitens: Die Hauptbeschäftigung der Leute war der Handel über das Meer oder das Land. Dadurch sind sie in Kontakt mit anderen Leuten aus Ägypten, Phönizien und aus verschiedenen Gebieten Asiens gekommen, die ihnen ihre Zivilisation übertragen haben. Daher stellte man sich praktischen Problemen technischer Natur, die man lösen musste. Wenn jetzt Menschen, die früher in einer solchen Umgebung aufgewachsen sind, sich mit der Philosophie beschäftigen und Fragen über die Entstehung der Welt stellen, ist es natürlich, dass ihre Gedankengänge einer pragmatischen Erklärungsweise folgen.

Drittens: Ein anderes günstiges Ereignis war, dass keine organisierte Kirche vorhanden war, wie z.B. in Ägypten oder Babylonia. Diese Gesellschaftsschicht der Pfarrer, wenn sie nicht selbst regieren, unterstützt in der Regel die jeweilige Regierung in der Bekämpfung neuer Ideen, weil sie instinktiv fühlt, dass jede Änderung des Weltbildes ihre Privilegien bedroht.

Hierbei möchten wir noch einen Grund hinzufügen. Aus der Geschichte geht hervor, dass Aussiedler, die lockere Beziehungen mit ihrer alten Heimat (Metropolis auf griechisch) bewahren, relativ schnell eine nennenswerte Zivilisation aufbauen, die mehr an den Problemen des alltäglichen Lebens orientiert ist. Jüngste Beispiele sind unter anderen U.S.A. und Australien.

---

[1] Schrödinger, Erwin: „Die Natur und die Griechen", in: „Die günstigen Umstände", S. 71 ff

Man kann es andererseits vielleicht dadurch erklären, dass solche Gesellschaft nicht besonders mit ihrer Vergangenheit verbunden sind, die sehr oft Hindernisse bei jeder Neuerung verursacht. Dies war der Fall der Bewohner von Kleinasien und im Süden Italiens. Die Gründung der Kolonien hat schon früher angefangen, und zwar zwei Jahrhunderte vor der Erscheinung der Naturphilosophen.

THALES VON MILET (635 – 545 v. Chr.)[2]

Thales gilt als der erste ionische Philosoph und auch als der erste Naturphilosoph in der Reihe der Philosophen in Griechenland der antiken Zeiten.
Thales sei der Erste, der „Weiser" genannt wurde.
Nach ihm ist das Wasser der allem zugrundeliegende Bestandteil. Die Gründe, die Thales dazu geführt hatten, das „Wasser" als prinzipielle Materie auszuwählen, ergaben sich sowohl aus der Tradition wie auch aus Beobachtungen.
In der griechischen Mythologie wird der

Θαλῆς ὁ Μιλήσιος
Thales von Milet

Ozean als Vater von allem angesehen. Das war nicht nur eine griechische Vorstellung über die belebende Kraft des Wassers. Schon die Ägypter hatten dieselbe Auffassung, weil in der endlosen Trockenheit ihres Landes die Überschwemmungen des Flusses Nil Leben schenkten.
Aristoteles erwähnt in „Metaphysika", dass Thales vielleicht auf diese Idee kam, weil die Kost feucht ist, wie auch die Keime (notwendig für das Leben) und von allen Flüssigkeiten das Wasser das prinzipielle Element des flüssigen Aggregatzustands ist.

---

[2] Diels, Hermann: „Die Fragmente der Vorsokratiker", Bd. I: „Leben und Lehre", S. 67-80.

Aus einer anderen Sicht gesehen begegnet man in den Erzählungen der Autoren der Antike oft dem Schema „Wolken → Regen → Wasser in der Fläche der Erde → Eis → Steine (oder Felsen)" und umgekehrt.
Der ganzen Verwandlungsreihe liegt das Wasser als das ursprüngliche Element zugrunde. So konnte das Wasser die kohärente Materie sowohl der lebenden Natur wie auch der entseelten Natur sein.
Thales glaubt an die Ewigkeit der Seele, und zwar glaubt er, dass alles (auch die bei uns tote Materie) eine Seele enthält. Die Seele als Begriff war unter anderem eingeführt worden, um die Bewegungsfähigkeit des Seienden zu erklären. Weil jetzt nicht nur die Lebewesen über Bewegungsfähigkeit verfügen, sondern alle Wesen, so nahm Thales an, dass alles voll von „Seele" ist.
Über die Erde glaubte er, dass sie wie ein Stück Holz auf dem Wasser schwamm und dass – wie übrigens all die Vorsokratiker glaubten – sie das Zentrum des Universums war.

ANAXIMANDER (610 – 546 v. Chr.)[3]

ΝΑΞΙΜΑΝΔΡΟΣ Anaximander stammt aus Milet und ist Schüler von Thales. Er ist der erste erwähnte Philosoph, der eine Entwicklungstheorie der organischen Natur annahm. Aus der Bemerkung, dass die Fische Eier legen, die von selbst aufwachsen, während auf dem Land die Säuglinge auf die Hilfe ihrer Eltern angewiesen sind, kam er zu dem Ergebnis, dass am Anfang das Lebewesen im Meer entstanden sei und dann an das Land versetzt wurde. Er nannte die Fische Vater und Mutter aller und betrachtete das Wasser als Quelle des Lebens.
In seinen kosmologischen Vorstellungen sah er als höchstes Prinzip das Unbegrenzte an. Er gibt kein Attribut für dieses Unbegrenzte, weil jeder spezifische Name das Unbegrenzte begrenzen würde, d.h. dass das Unbegrenzte nicht Wasser oder Erde oder irgendetwas anderes ist. Eher ist es etwas, dass all diese Elemente enthält.
Die zyklischen Wandlungen des Unbegrenzten bringen die Gegensätzlichkeiten (kalt – warm, feucht – trocken) hervor, welche mit dem Wechsel der Jahreszei-

---
[3] a.a.O., S. 81-90

ten einander ablösen, und so hat keiner dieser Gegensätze in der Zeit und im Raum das absolute Übergewicht. Er nennt keinen Grund über die Entstehung der zyklischen Wandlungen, d.h. wie die Bewegung anfänglich hervorgerufen wurde. Er hält, wie die anderen ionischen Philosophen und die Atomisten, die Bewegung für ein ewiges natürliches Attribut des Unbegrenzten, das keine Erklärung braucht. Über die Erde glaubt er, dass sie kugelförmig ist und im Zentrum des Alls liegt.

Anaximander ist erwähnt als der Erste, der in Landkarten die Erde abzubilden versuchte.

ANAXIMENES (585 – 525 V. CHR.)[4]

Anaximenes, Schüler von Anaximander, ist der dritte in der Reihe der Philosophen der Milesischen Schule, und mit ihm endet die Periode der monistischen ionischen Philosophen.

Anaximenes betrachtet als Urstoff die Luft und damit kehrt er zu Thales zurück. Obwohl sein Urstoff konkret ist, hat er die Eigenschaft unbegrenzt zu sein, wie es Anaximander angenommen hat. Die Gründe, die Anaximenes zur Wahl der Luft als Urmaterie führte, waren biologischer Natur.

Er macht die folgende Analogie: Weil das Atmen (Luft) in Einheit das Lebewesen hält und weil Anaximenes die Welt (Kosmos) als ein Lebewesen betrachtet, welches in Kohäsion ist, deswegen ist die Luft die Urmaterie, die diesem lebenden Ganzen zugrunde liegt. Es gibt auch physikalische Gründe, die dazu führen, die Luft als Urmaterie zu betrachten. Die Luft hat Elastizität und Bewegungsfähigkeit. Sie wird Wind oder Wolken und dann Regen und endlich Erde. Anaximenes sagt, dass alles durch Verdichtung und Verdünnung der Luft entsteht. Luft kann warm sein und auch kalt, und dieses führt zu den Gegensätzlichkeiten zurück, die so stark die Griechen beschäftigt hatten. Nach Anaximenes sind auch die festen Körper letztlich Luft in wechselnden Dichtegraden. An dem einen Ende der Dichteskala befindet sich das Feuer, das nichts anderes als verdünnte Luft ist, während am anderen Ende sich alle möglichen Sorten von Erden finden, d.h. alle festen Körper, und in der Mitte der Skala ist das Wasser einzuordnen.

---

[4] a.a.O., S. 90-95

BEMERKUNGEN

Thales, Anaximander, Anaximenes bilden zusammen die von manchen Autoren genannte „heroische" Periode der Naturphilosophie. Benjamin Farrington („Griechische Wissenschaft – ihre Bedeutung für uns") bemerkt, dass dies die Periode der Antike ist, die sehr nah an dem Geist unserer Zeit liegt. Die Philosophen dieser Periode sind Monisten, d.h. sie versuchen alle, die unzähligen Verwandlungen der Welt auf einen ursprünglichen Stoff zurückzuführen. So nehmen sie an, dass die Materie erhalten bleibt (Wasser Unbegrenztes, Luft) und nur die Erscheinungsformen verschieden sind. Hierbei ist auch zu bemerken, dass die anscheinenden Qualitäten auf Quantität zurückgeführt werden können, weil der zugrundeliegende Stoff eins für alles ist. Die Erklärungen, welche von ihnen über die Entstehung des Alls angegeben werden, schließen einen außernatürlichen Eingriff aus. Wie Anaximander schreibt: „Das Unbegrenzte fasst den gesamten Grund des Entstehens und Vergehens der Welt. Von ihm wurde der Himmel abgesondert und all die zahllosen Welten."

DER SÜDEN VON ITALIEN

PARMENIDES (ca. 504 v. Chr.) und sein Schüler ZENON VON ELEA (490 - 430 v. Chr.)[5]

Parmenides kommt aus Elea im Süden von Italien und ist der Begründer der Eleatischen Schule. Er war Schüler von Xenophanes. Nach ihm sind zwei, Feuer und Wasser, die Grundelemente. Die Erde habe die Form einer Kugel. Er war kein Naturphilosoph im Sinne der Philosophen der ionischen Schule. Aber er hat in der Geschichte eine besondere Wichtigkeit, weil er zum er-sten Mal schwierige Erkenntnisprobleme gestellt hat, mit welchen die Welt der Antike sehr beschäftigt war.
Parmenides ist, wie die Milesier, Monist. Nach ihm gibt es auch das Eins, welches aber unbewegt und unverwandelbar ist. Bewegung gebe es in Wirklichkeit nicht. Alle Erscheinungen, die das Gefühl des Werdens und Vergehens, des Wachstums und Verfalls im Menschen hervorrufen, seien nicht die Wirklichkeit, sondern eine Illusion. Die Wirklichkeit sei dieses Eins, dem man sich aber nur mit dem Verstand annähern könne. Die Sinne betrügen uns und geben uns keine glaubwürdigen Zeugnisse. Das eins des Parmenides ist mehr geistig als materiell, im Unterschied zu dem der ionischen Philosophen. Auf diese Weise entstand das folgende Problem:
Sind die Sinne Vermittler zwischen äußerer Welt und Verstand, oder sollen wir ihnen keinen Glauben schenken? Enthalten unsere Theorien die wirkliche Wahrheit oder sind sie konventionelle Beschreibungen einer Wirklichkeit, die nicht existiert?
Das Dilemma wurde im Laufe der Zeit größer und quälte viele Denker der Antike. Experimente, die zur Überwindung des Problems hätten führen können, wurden nicht ausgedacht.

Zenon von Elea, Schüler von Parmenides, stellte, um die Vorstellungen seines Lehrers zu bekräftigen, vier Probleme auf, die Aristoteles in seiner Physik erwähnt. Damit wollte Zenon beweisen, dass es keine Bewegung gibt. Hier werden zwei von ihnen präsentiert: Das Problem von Achilles und der Schildkröte: Achilles hat eine bestimmte Entfernung von der Schildkröte. Die Schildkröte fängt an zu laufen. Achilles wird die Schildkröte niemals erreichen, weil er als erstes die Hälfte der Bahn zurücklegen muss, dann die Hälfte der Hälfte

Zenon von Elea

---
[5] a.a.O., S. 217-239

u.s.w., d.h. dass Achilles zu laufen anfängt und niemals die Schildkröte erreichen kann.
Das Problem des Pfeils: Wir schleudern einen Pfeil, und er macht eine Strecke in der Luft. Ist das wirklich so? Der Pfeil muss sich jeden Moment an einem konkreten Punkt der Strecke befinden. Wenn es aber so ist, bewegt sich der Pfeil in Wirklichkeit nicht.

Die Probleme die Zenon dargestellt hatte, standen im krassen Gegensatz zur Erfahrung. Die Annahme ist diese, dass die Zeit und der Raum in endlose, aber diskrete Punkte zerteilt werden können, mit anderen Worten, Zenon weigert sich, die Existenz des Kontinuums anzuerkennen. Aristoteles verstand ganz genau, wo der Fehler liegt (Aristoteles gilt als der Begründer der Kontinuität). Er konnte aber keine befriedigende Lösung geben, um desto mehr, weil die notwendigen Instrumente (Mathematik) noch elementar waren. Die Probleme fanden ihre Lösung in der Mathematik unserer neuen Zeit.

EMPEDOKLES (495 – 435 v. Chr.)[6]

Empedokles kommt aus Akragas. Er war von Beruf Arzt. Er gehörte zu keiner Schule und hat auch keine Schule gegründet. Empedokles nimmt vier Elemente als Urstoffe an. Erstens das Wasser, das schon von Thales eingeführt wurde, zweitens die Erde, drittens das Feuer, ein Element voll Energie, welches Heraklit als Grundelement der zahllosen Verwandlungen der Welt betrachtete, und viertens die Luft, die Anaximenes als Urelement postuliert hatte. Demzufolge ist Empedokles kein Monist, weil er eine Vielzahl von Grundprinzipien annimmt.

Besonders für das Element Luft hat er eine andere Vorstellung als Anaximenes. Nach der Betrachtung von Anaximenes hat die Luft zwiespältige Bedeutung. Es ist nicht deutlich, ob es um ein Element mit materiellen Eigenschaften geht oder Hauch, Atem, was auf das Wort „Pneuma" (Geist) hindeutet, dessen Struktur nicht über materielle Eigenschaften verfügte und mehr als etwas Mystisches angesehen wurde. Nach Empedokles ist die Luft ganz materielles Element, obwohl sie unsichtbar ist. Hier ist zu bemerken, dass es vielmals in der Geschichte der Antike passiert ist, dass man Beweise über die Existenz von Dingen oder über die Naturvorgänge erbringen musste, die zwar dem Menschen unsichtbar waren,

---

[6] a.a.O., s. 276-313

aber deren Bestehen für manche Denker unzweifelhaft war. Lukrez, einige Jahrhunderte später, präsentierte alle unsichtbaren Dinge und Kräfte, deren Wirklichkeit nicht in Frage gestellt werden könnten. Aus denselben Gründen führte Empedokles ein Experiment durch, um die materiellen Eigenschaften der Luft zu beweisen. Er nahm ein Gefäß, das oben und unten zwei Löcher hatte. Er stopfte das untere Loch zu und setzte Wasser ein, so dass das Gefäß halb gefüllt mit Wasser war. Dann senkte er das Gefäß ins Wasser und stopfte gleichzeitig das obere Loch zu. Das Wasser von unten konnte nicht in das Gefäß eindringen. Er erklärte, dass die Luft, die oberhalb des Wassers im Gefäß liegt, es verhindert, dass Wasser eindringen kann. Ein ähnliches Experiment machte auch Anaxagoras, um die Materialität der Luft zu beweisen. Er nahm einen Schlauch, den er aufblies. Dann presste er ihn, und die Leute bemerkten, dass der Schlauch Widerstand leistete. Solche Experimente sind in der Antike häufig anzutreffen.

Empedokles hat parallel zu den vier Elementen noch zwei Kräfte eingeführt, Anziehungs- und Abstoßungskräfte, die er „Liebe" und „Hass" (Streit) nannte. Das Eins wird aus Mehreren, indem Anziehungskräfte die Mehreren in Einem verbinden, und wenn Abstoßungskräfte überwiegend sind, werden aus Eins die Mehreren.

Indem Empedokles die Einführung der zwei Kräfte postulierte, gab er gleichzeitig eine mehr dynamische Vorstellung für die Substanz des Werdens. Die Kräfte sind nicht der gleichen Natur wie die vier Elemente, aber sie sind genauso wichtig wie die Urstoffe. Sie geben der Trägematerie den notwendigen Zusammenhalt, was in der Betrachtungsweise der ionischen Philosophen fehlte. So sind die Grundprinzipien sechs, indem die zwei Kräfte unter die vier Elemente eingereiht werden.

Empedokles hatte angenommen, dass sich die Wirkung der Kräfte räumlich ausdehnt, so dass es keinen Unterschied zwischen dem Irdischen und dem Himmlischen aus dieser Sicht gibt. Zeitlich erklärte er, dass manchmal die Anziehungskräfte das Übergewicht haben und dann von den Abstoßungskräften abgelöst werden. In der Zwischenzeit gibt es Ruhe. Hier ist zu bemerken, dass schon Anaxagoras über diese Umwandlungen der Gegensätze gesprochen hatte, jedoch nicht auf bestimmte Weise. Empedokles stellte die Wirkung von konkreten Kräften vor, welche die Umwandlungen hervorbringen.

Auch Heraklit deutet auf die Anwesenheit der Kräfte hin, wenn er sagt, dass die Entgegengesetzten miteinander verbunden sind und gleichzeitig miteinander ringen.

Es ist möglich, dass Empedokles wegen der Einführung der zwei Kräfte die Theorie der Ausflüsse bildete. Nach dieser Theorie strahlt jeder Körper von sich selbst, jedes Wesen (auch nicht lebendes) wirkt so auf einen anderen Körper, von dem es wahrgenommen wird. Auf diese Weise erklärt er das Sehen, Hören und auch die anderen Wahrnehmungen. In seiner Vorstellung sind die Körper von poröser Natur (verschiedener Anordnung), und so dringen Ausstrahlungen des Einen in die Poren des Anderen (ein Vorläufer der Feldtheorie?).

PYTHAGORAS (580 – 490 v. Chr.)
DIE PYTHAGOREER (3. Jh.)[7]

Pythagoras kommt von Samos, einer Insel, die nahe an der Küste von Kleinasien liegt. Viele halten ihn für eine mythologische Person, weil keine Schrift von ihm überliefert ist. Aber das war normal für viele Philosophen jener Zeiten. Unterstützt wird seine tatsächliche Existenz durch die Nennung seines Namens von verschiedenen Autoren seines Jahrhunderts. Er hat viele Jahre in Ägypten gelebt, wo er in Kontakt mit der Wissenschaft der Arithmetik und Geometrie gekommen ist. Weil seine Insel von persischer Besetzung bedroht war, verließ er im Alter von über 40 Jahren seine Heimat und kam in die Stadt Kroton im Süden von Italien. Dort hat er die Schule der Pythagoreer gegründet
Die Stadt hatte von Anfang an eine mystische Aura, weil die Vorlesungen während der Nacht stattgefunden haben und die Schüler zuvor einen Eid ablegen mussten, nichts über den Inhalt der Lehrveranstaltung an die Außenwelt zu verraten.
In der Grundlage ihrer Lehren unterscheiden sich die Pythagoreer von den ionischen Philosophen, sowie auch von Empedokles und anderen zeitgenössischen Denkern.
Als Basis aller Dinge betrachten sie die Zahl, welche auch geometrisch dargestellt wurde, d.h. die Zahl Eins durch einen Punkt, die Zahl Zwei durch zwei Punkte usw. Die Punkte werden nicht nur geometrisch definiert (wie unsere heutigen abstrakten Punkte), sondern sie konnten auch physikalische Eigenschaften haben.
Die Pythagoreer fangen mit Eins an, die sie durch einen Zeichenpunkt darstellen, auf welche die Zwei durch die Darstellung mit zwei Punkten folgt. Aber zwei Punkte bestimmen schon eine Gerade. Die Drei wird mit drei Punkten dargestellt, die aber nicht in einer Geraden stehen, sondern ein Dreieck bilden. Auf diese Weise geordnet, bestimmen die drei Punkte eine Fläche, oder anders gesagt, die drei Geraden (Seiten des Dreiecks, die aus drei Punkten hergestellt werden) beschränken eine Fläche. Ein vierter Punkt, nicht in die gleiche Fläche gesetzt, beschränkt und bestimmt einen Körper (das Tetraeder).

---

[7] a.a.O., zu Philolaos: S. 398- 421, zu Archytas: S. 421 – 431, über die Lehre anonymer Pythagoreer: S. 448 – 466.

So ist, um es zusammenfassend darzustellen, am Anfang die Einheit (1). Ihr folgen zwei Einheiten (2). Die drei (3) ist als Dreieck zu verstehen, und endlich die vier Punkte bilden einen Körper. So konnten sie eine ganze Welt bilden, wenn man ihre Darstellungen weiter ausführt.
Die natürlichen Körper seien nichts anderes als angekleidete geometrische Gebilde. Die Zahl Zehn, welche die Summe der ersten vier Zahlen ist, hat in dieser Zeit eine scheinbare Allmacht gewonnnen. Sie nahmen weiterhin an, der Raum zwischen zwei Zeichenpunkten sei leer oder mit einem sehr dünnen Medium (Luft oder Äther) gefüllt, d.h. dass die Pythagoreer die Existenz des Vakuums annahmen, zu dem die Denker der Antike eine so starke Abneigung hatten. Die Idee der Punkte wurde von zwei anderen Philosophen übernommen. Der erste ist Demokrit, der sich diese Steinchen voll von Materie vorstellte und dann in Bewegung setzte (physikalische Eigenschaften). Der zweite ist Platon, der im Gegenteil zu Demokrit nur die geometrischen Eigenschaften der Steinchen annahm und so seine mathematische Theorie der Materie bildete.
Rechnungen und Messungen führten die Pythagoreer besonders erfolgreich in der Musik durch. Hier haben sie die Längenverhältnisse in einer Oktave 1:2, einer Quinte 2:3 und einer Quarte 3:4, also drei gründliche Konsonanzen herausgefunden. So kommt wieder die Zahl zehn vor, deren Allmacht magisch wurde. Mit den Forschungen der Pythagoreer brach eine sehr hoffnungsvolle Zeit an, welche große, spätere Entwicklungen in der Wissenschaft erwarten ließ. Mit der Zahl kann man messen und rechnen, d.h. qualitative Beschreibungen der Naturvorgänge können quantitativ betrachtet werden. Die Pythagoreer waren auf dem richtigen Weg. Sie hatten viele Experimente, die auch heute noch Bedeutung haben, durchgeführt und auch die Theorie der Zahlen bereits stark entwickelt. Vielleicht verdanken sie ihrer Praxisorientierung die bemerkenswerte Kontinuität der letzten zwei Jahrhunderte. Niemand anderer aus der vorsokratischen Periode hat eine solche Kontinuität aufzuweisen.
Zu ihren wissenschaftlichen Auffassungen gab es aber Einwände von u.a. zwei berühmten Personen: Von Platon und von Aristoteles und seiner Schule.
Platon war der Auffassung; dass die Realität, die wir erleben, ein Trug ist. Sie ist nur der Schatten der echten Realität, die nur durch die Seele, also den Geist wahrgenommen wird. Die Zahl kann nur nützlich sein, wenn sie als Hilfsmittel der Seele gebraucht wird, nämlich für die Arithmetik der Seele. Ein Anknüpfen der Zahl an Naturvorgänge unserer Realität ist nutzlos. Rechnen, messen und Experimente entfernen uns von der reinen Welt der Ideen.
Aus einer anderen Richtung hat Aristoteles seine Einwände angeführt. Nach seiner Auffassung ist die Zahl etwas Unbewegliches, etwas Stabiles. Wie könnte man die Naturvorgänge, die so variabel und beweglich sind, mit Zahlen beschreiben?

Einwände derselben Natur erhebt auch sein Nachfolger Theophrast. Hier ist zu betonen, dass Aristoteles eine eigene qualitative Theorie der Materie entwickelt hat.
Die Schule der Pythagoreer geriet im Laufe der Zeit trotz dieses hoffnungsvollen Anfanges in eine Situation, in der die Zahlen immer mehr mit mystischen Vorstellungen verbunden wurden.
Die Theorie aber wurde später in der Hellenistischen Zeit von Euklides bei seinen Elementen der Geometrie genutzt und auch von Ipparch in seiner Astronomie verwendet.

ANAXAGORAS (499 – 428 v.Chr.)[8]

Anaxagoras stammt aus Klazomenes, einer ionischen Stadt, und hat seine meisten Tätigkeiten in Athen entfaltet. Nach „Diogenes Laertius" (Leben berühmter Philosophen) ist Anaxagoras mit 20 Jahren nach Athen gekommen, nach anderen Quellen erst im Alter von 30 Jahren. Er war auch Lehrer und Freund von Perikles, der in dieser Zeit in Athen regierte (goldene Epoche). Er ist derjenige, der die Naturphilosophie in Athen eingeführt hat. Zu dieser Zeit bedrohten die Perser besonders die Unabhängigkeit der ionischen Städte und manche waren schon unter ihrer Herrschaft.
Anaxagoras entwickelte die „Theorie der Keime", oder wie sie später genannt wurde, „Die Theorie der gleichteiligen Ansammlungen" (Homoiomerien, Homoio = gleich, Merien = Ansammlungen), eine Theorie, welche, wie S. Sambursky bemerkt, die logische Konsequenz und Ausdehnung des Pluralismus, der bei Empedokles seinen Anfang nahm, ist. Zu seiner Theorie ist er durch biologische Betrachtungen gelangt. Er fragte sich: Wie können Nahrungsmittel, die die Menschen essen, und welche von den Bestandteilen ihrer Körper verschieden sind, in die Haut, die Haare, das Blut usw. transportiert werden?
Seiner Erklärung nach bestehen beide, also Nahrungsmittel und Körper, aus gleichen Bestandteilen. Als letzte Einheiten erkannte er die kleinsten Keime, die so beschaffen sind, dass alle Stoffe, die sich in unserer Welt offenbaren, diese Keime schon enthalten, mit anderen Worten, es handelt sich um einen Keim, aus dem alles besteht und der alles enthält. Aus diesen primären Keimen ist das All gebildet. Hier ist noch zu bemerken, dass die Theorie von Anaxagoras eine Vorform der Atomistischen Theorie ist. Aber im Gegensatz zu Demokrit hält er nicht seine Gedankengänge bis zu den Atomen. Nach ihm gibt es das Kleinste

---

[8] a.a.O., Bd. II: 2Leben und Lehre", S.6-44.

(wie auch das Größte) nicht. Die Verkleinerung, wie auch die Vergrößerung der Materie seien unbegrenzt.
Anaxagoras hat ferner keine Achtung vor den religiösen Anschauungen seiner Zeitgenossen und verspottet die Naivität ihrer Götter. Sie verurteilten ihn zum Tod, und nur durch das persönliche Eingreifen von Perikles wurde er frei gelassen. Er durfte aber gemäß dem Urteil der Richter nicht mehr in Athen bleiben. So verließ er Athen und beging, wie Diogenes Laertius berichtet, Selbstmord.

DEMOKRIT (460 – 390 v. Chr.)[9]

DIE ATOMISTISCHE LEHRE

Demokrit hatte als Lehrer Leukipp, der auch Atomist war und Anaxagoras. Demokrit ist der hauptsächliche Gründer der Atomtheorie.
Er stammt aus Abdera, einer Stadt im Norden Griechenlands, die zu dieser Zeit eine Kolonie der Athener war.
Diogenes Laertius berichtet, dass Demokrit als Besucher nach Athen kam und Sokrates begegnete, welcher Demokrit ganz außer acht ließ. Seine Atomtheorie wurde später von Epikur (341 – 271 v. Chr.) und letztlich von Lukrez (ca. 50 n. Chr.) in römischen Zeiten übernommen, welcher der letzte Atomist war.

Demokritos (aus: Konstantinos Georgakopoulos, „Altgriechische Naturwissenschaftler")

Die Frage, die immer in der Vorsokratik auftaucht, ist, ob es die Möglichkeit gibt, hinter der Vielfältigkeit der Erscheinungen wenige Prinzipien oder Elemente zu finden, mit welchen diese Welt einheitlich beschrieben werden könnte.
Der Ausgangspunkt des Gedankengangs Demokrits ist ähnlich demjenigen, welchen die Bücher über die Atomtheorie den Schülern der Sekundarstufe heute präsentieren.

---

[9] a.a.O., Bd. II "Demokrit. Leben und Lehre", S. 81-153

Dieser Gedankengang ist folgendermaßen aufgebaut: Nehmen wir ein Stück irgendeines Stoffes und zerteilen ihn. Wiederholen wir dann die Zerteilung des Zerteilten usw.
So gelangen wir zu dem Problem, wie weit können wir diese Zerteilung fortführen. Ist diese Zerteilung ohne Ende, wie z.b. in dem Fall einer geometrischen Geraden, oder verhält sich die Materie anders?
Die Antwort Demokrits lautet, dass diese Zerteilung ein Ende hat. Dieser Vorgang endet mit einem Element, das nicht mehr teilbar ist (Atome = unteilbar). Der Grund für eine solche Annahme war, dass eine unbegrenzte Teilung die Materie verschwinden lassen würde. Aber da die Materie nach Demokrit erhalten bleibt, oder mit anderen Worten die Welt bestehen bleibt, soll die Teilung begrenzt sein und beim Atom haltmachen.

In diesem Zusammenhang bietet Demokrit noch eine Begründung, und zwar durch das Problem des Wiederaufbauens, welches bedeutet, dass wenn das Atom nicht existierte, ein Wiederaufbau der Materie aus dem Geteilten unmöglich wäre.
Ferner hat Demokrit sich vorgestellt, dass die Atome voll von Materie sind und sich unaufhörlich in einem leeren Raum bewegen. Da sich massive Körper nur im leeren Raum unaufhörlich bewegen können, kam er zu der Vorstellung eines leeren Raumes. Die Bewegung bleibt erhalten, indem die Atome miteinander zusammenstoßen. In der Zeit zwischen diesen Kollisionen üben sie keine Wirkung aufeinander aus. Die Atome sind unveränderlich und bestehen aus dem gleichen Stoffe. Sie sind verschieden in bezug auf ihre Größe und ihre Gestalt. Hinsichtlich der Gestalt nahm Demokrit unendliche Formen an, weil es keinen Grund gäbe, nur bestimmte Formen zu akzeptieren. Demokrit erwähnt noch zwei Eigenschaften der Atome, ihre Anordnung und ihre Lage. Die Atome verfügen über keine Qualität, weil sie veränderlich und vergänglich sind. Durch ihre zahllosen Verflechtungen bilden sie die verschiedenen Körper der uns erscheinenden Welt. Aristoteles nimmt zu Demokrits Lehre Stellung: „Es unterscheide sich nämlich das A von N durch die Gestalt, das AN von NA durch die Anordnung, das I von H durch die Lage." Nach Demokrit sind noch Leichtigkeit und Schwere, Weichheit und Härte dadurch zu erklären, dass es weniger oder mehr leeren Raum in der Konstruktion des Stoffes gibt. Er unterscheidet zwischen primären Qualitäten wie z.B. der Undurchdringlichkeit und der Härte der Atome und sekundären Qualitäten wie z.B. Farbe, Geruch, Geschmack, die in Wirklichkeit in der Welt der Atome nicht existieren, sondern hervorgerufen werden, wenn die Atome mit Sinnesorganen wahrgenommen werden. So versucht Demokrit die Beziehungen zwischen primären und sekundären Qualitäten zu beleuchten, sowie die Änderungen, die entstehen, wenn die Atome ihre Lage, Anordnung und Gestalt wechseln. „Entsteht doch aus denselben Buchstaben sowohl die Tragödie wie die Komödie".

Eine Erklärung für die erste Bewegung der Atome hat er nicht gegeben, vielleicht weil er sie als ein natürliches Attribut der Materie, das keine Erklärung braucht, betrachtete. Hierauf Bezug nehmend bemerkt S. Sambursky, dass Demokrit zu den ersten Positivisten in der Geschichte der Wissenschaft gehört. Demokrits Theorie war ein Versuch, die Welt des Sichtbaren mit dem des Unsichtbaren in Harmonie zu bringen. Jedoch bezweifelte er selbst die Möglichkeit eines erfolgreichen Ergebnisses. Wie er deutlich schreibt, wenn er die Sinne, durch welche das Sichtbare wahrgenommen wird, dem Verstand, dem Instrument der Phantasie, gegenüberstellt: „Du armseliger Verstand, der du von uns deine Gewissheiten genommen hast, willst du nun uns niederwerfen? Dein Sieg ist dein Fall!" In folgendem Zitat äußert er seinen Pessimismus: "In Wirklichkeit erkennen wir nichts; denn die Wahrheit liegt in der Tiefe."

Demokrit glaubte stark an die Kraft der Ausbildung. „Die Natur ist ähnlich der Ausbildung, weil die Ausbildung den Menschen ändert und indem sie (den Menschen) ändert, prägt sie (die Ausbildung) eine neue Natur (einen neuen Menschen)."

Die geistigen Phänomene sah Demokrit einheitlich an. Nach ihm sind Vernunft und Seele miteinander identisch. Aber in diesem Punkt machte er einen schicksalhaften Fehler, d.h. er hatte sich vorgestellt, dass die Seele auch aus Atomen besteht, und auf diese Weise konnte sie (die Seele) als physikalisches System angesehen werden. Genau in diesem Punkt hatte die atomistische Theorie im Verlauf der Zeit starke Angriffe erlitten.

BEMERKUNGEN

Die Philosophen vor Sokrates richten ihre Aufmerksamkeit auf das Äußere der menschlichen Welt. Diese Welt versuchen sie logisch zu erklären. Sie bemerken, dass es in der Welt einen Zusammenhang gibt und auch eine gewisse Verschiedenheit, eine Einheit und eine Unterscheidung. Sie nehmen es wahr, dass die Welt sich bewegt, aber sie bleibt gleichzeitig unbeweglich, verändert sich und ist zugleich dieselbe, entwickelt sich und kommt zu dem gleichen Ausgangspunkte zurück (Periodizität). Diese Gegensätzlichkeiten sind immer miteinander verbunden.

Hierbei ist zu bemerken, dass einerseits während die ersten Ionischen Philosophen meistens durch ihre Theorien die Einheit der Welt betonen, andererseits die letzteren (die Atomisten) die Unterscheidungen zu erklären versuchen. Zu diesem Punkt fragt man sich: Wie ist diese Weltauffassung der Vorsokratiker verloren gegangen?

Wir versuchen hierbei einige Antworten zu finden. Wie es schon dargelegt wurde, gab es in Wirklichkeit in dieser Zeit keine Schule, das bedeutet aber nicht, dass die Lehrer nicht existiert haben, sondern nur, dass sie keine Schüler hatten, mit der Ausnahme der Pythagoreer. Die Tatsache der Abwesenheit der Schüler hatte zur Folge, dass keine Kontinuität der Betrachtungsweise der Vorsokratiker vorhanden war. Vielleicht ist das so zu erklären, dass die Vorsokratiker ihre Tätigkeiten in kleinen Städten (nicht in Athen) entwickelten, wo das Publikum immer begrenzt war.

Es wurde öfters geschrieben, dass in der Antike keine Experimente durchgeführt wurden. Das gilt besonders für die Periode, die wir in dieser Arbeit betrachten. Dieser Vorwurf kann nicht als absolut gerechtfertigt gelten. Es gibt einen großen Unterschied zwischen Spekulationen, die sich auf hoher Ebene bewegen und dem technischen Niveau, das ganz elementar ist. Auf diese Weise konnten die Vorsokratiker nur geringe Beweise zur Bestätigung ihrer Theorien erbringen. Jetzt fragt man sich: Wie kam es zu diesem Unterschied? Auf der einen Seite höhere Spekulationen, auf der anderen Seite eine Technik, die solche Spekulationen nicht unterstützen konnte?

Man kann nur folgendes bemerken, nämlich, dass sie – wie schon am Anfang geschildert wurde – frei waren zu denken (und vielleicht wichtiger, zu beobachten!).

Vielleicht kommt man auf die Idee, dass die Philosophen dieser Periode zwar sehr viel geleistet haben, aber wegen dieser Beschäftigung dem alltäglichen Leben fremd gegenüberstanden. Ganz im Gegenteil!

Aus den Biographien dieser Philosophen ergibt sich, dass sie sehr praktische Männer waren, über viele Kenntnisse der Technik verfügten und sehr vieles erfunden haben.

Ein anderer Grund, der negativ auf die Kontinuität der Vorsokratiker wirkte, war die Eroberung der Ionischen Städte durch die Perser.

Ferner gab es innere wissenschaftliche Gründe. Die Vorsokratiker versuchten klare, auf der Hand liegende Erklärungen herauszufinden und führten alles auf Materie zurück. Dieser Versuch hatte aber einen schicksalhaften Charakter, weil sie zu früh mangelhafte Verallgemeinerungen durchgeführt haben, und noch schicksalhafter war der Versuch, in diese Verallgemeinerungen den Menschen einzubeziehen. Für sie galt die Gleichung Materie = Alles, den Menschen eingeschlossen. Das ist nicht unbedingt schlimm. Schlimm war, dass ihre mangelhaften Verallgemeinerungen nicht befriedigende Lösungen über alles geben konnten, besonders über das Seiende. So war die Präsentation ihrer Theorien – besonders der Atomtheorie – schlecht. Platon, Aristoteles aber auch andere spätere Denker verwarfen ihre Auffassungen massiv immer wieder, so dass Sie im Laufe der Zeit begraben wurden.

W. Heisenberg stellt in seinem Buch „Physik und Philosophie" fest, dass die Naturwissenschaft nur ein Bereich der menschlichen Aktivitäten sein kann. Diese Bescheidenheit hat man von jener Zeit an bis heute gewonnen.

Bibliographie

Diels, Hermann: „Die Fragmente der Vorsokratiker", 2 Bde., 11. Aufl. von Walther Kranz, Weidmannsche Verlagsbuchhandlung, Zürich/Berlin 1964.

Farrington, Benjamin: „Greek Science – its meaning for us", 1. Aufl. 1944, griech. Übersetzung: "Die Wissenschaft in der Antiken Zeit", Kaktos Verlag, Athen 1989.

Georgakopoulos, Konstantinos: „Altgriechische Naturwissenschaftler", Georgiadis Verlag, Athen 1995.
(Enthält kurze Biographien der Wissenschaftler, wie auch stichwortartige Erwähnungen ihrer Errungenschaften.)
Laertius, Diogenes: „Das Leben der Philosophen", Gesamtwerk, Kaktos Verlag, Athen 1994.

Sambursky, S.: „Das physikalische Weltbild der Antike", Artemis Verlag, Zürich/Stuttgart 1965.

Schrödinger, Erwin: „Die Natur und die Griechen. Kosmos und Physik", Rowohlt Verlag, Hamburg 1956.

Platon und die Akademie

Platon wurde im Jahre 427 v. Chr. geboren und starb im Jahr 347. Er war Schüler von Sokrates, den die Stadt Athen im Jahre 399 zum Tode verurteilte, weil er, so die Anklage, Ideen, die gefährlich für die Moral und die Erziehung der Jugend waren, verbreitete. Platon wurde von diesem Ereignis erschüttert.
In seinen Schriften legte er seine Gedanken Sokrates in den Mund.

Platon taucht daher niemals als Sprecher in seinen Werken auf, die immer die Dialogform haben. Er stellt seine Diskussionen mittels verschiedener historischer (nicht mythologischer) Personen dar, welche seine Dialoge durchführen.
Viele von seinen Büchern tragen als Titel den Namen der Person, die als Hauptfigur das gegebene Thema darstellt.

Platon und Aristoteles.
Werk von Raffael „Die Schule von Athen". Vatikan.

Athen war in der Zeit von Platon die größte und reichste Stadt Griechenlands. Besonders florierend war der Transport-Handel über die See, der unkontrolliert war und den leicht erworbenen Reichtum in die Stadt brachte.

Platon kam in eine massive Auseinandersetzung sowohl mit Leuten, Denkweisen, Benehmensweisen, die vom Geist der leichten Bereicherung geprägt waren, aber auch mit Philosophen – Sophisten –, die für eine diesem Geist entsprechende Lebensweise argumentierten.
Die Auseinandersetzung war um so stärker, weil solche Leute den Kurs der Stadt Athens bestimmten. Diese Leute hatten die Tendenz, die geistige Natur des Menschen zu unterschätzen, verspotteten Menschen und Gedanken, die ihnen nicht folgten.

Platon auf der anderen Seite betonte die hervorragende Rolle des Geistes oder genauer der Seele, da sie der wirklichen menschlichen Natur näher kommt, nach seinem Satz: „Der Körper ist ein Wagen der Seele."
Nach diesem zugrunde liegenden Prinzip bildete er sein philosophisches System.

Platon war ein Mensch der Tat. Im Jahr 389 gründete er die Akademie. Den Namen verdankt sie dem Ort, wo die Gelände der Schule lagen, welche dem mythologischen Helden Akadimos gewidmet war.
Diese Gelände wurden mit Geld von Platons Freunden gekauft. Sie lagen außerhalb von Athen, einige Kilometer entfernt, weil das Klima der in der Stadt Regierenden Platons Ansichten gegenüber nicht günstig war.

Von Anfang an war die Schule unabhängig vom Staat, und so funktionierte sie – wie übrigens die anderen Schulen jener Zeit – mit Spenden von Freunden wie auch (nicht immer) mit Schulgeld, das die Schüler bezahlten.
In die Akademie kamen Schüler und Lehrer aus aller Welt. Es gab keinerlei Beschränkungen oder Bestimmungen in Bezug auf Nationalität, Abstammung, Klasse, Einkommen. Eine ganz offene Schule.
Diogenes Laertius berichtet, dass die Schüler zu Platons Zeit Tausende waren. Viele Lehrer waren gleichzeitig Naturwissenschaftler, wie Eudoxos von Kmidos, der prominenteste Astronom im Griechenland der klassischen Zeit.

Platon war Leiter der Schule bis zum Jahre 367, wo er nach Syrakus auf Sizilien für einige Jahre abreiste, um den Tyrannen der Stadt, Dionisios B`, in seine Ideen einzuweihen.

Die Akademie hatte eine Kontinuität von ungefähr zehn Jahrhunderten bis ins Jahr 530 n. Chr., als der Kaiser Justinian ihre Schließung anordnete.

Das Wort „akademisch" bezeichnet bei uns einen Menschen, der isoliert vom täglichen Leben ist und Theorien, die wenig mit der Wirklichkeit zu tun haben, bildet.
Aus dieser Sicht war Platon sicher kein Akademiker. Wie aus seinen verschiedenen Werken zu sehen ist, bringt er zahllose Beispiele aus den verschiedensten Bereichen des Lebens: Poesie, Geschichte, Chemie, Medizin, Handwerk, Technik, Physik, Schiffahrt, Astronomie, Geographie, Mathematik, Tischlerhandwerk, Tradition, Sprichwörter, alltägliches Leben, Landwirtschaft. All diese benutzt er im Aufbau seines Systems. Spezialisierung und Platon passen auf jeden Fall gar nicht zueinander.

Ideal für Platon ist die Gestaltung und die Entwicklung einer vielseitigen Persönlichkeit in einem gut funktionierenden Staat, wie aus seiner Tetralogie „Der Staat" zu sehen ist.
In dieser Tetralogie stellt er detailliert seine Vorstellungen über eine solche Persönlichkeit vor und zeichnet auch die Struktur und die Funktion des Staates, wo ein solcher Mensch regieren sollte, auf.

Das Erziehungssystem ist nach seiner Auffassung von zentraler Bedeutung.

Er macht ein totales Programm einer andauernden Ausbildung, die erst mit dem fünfzigsten Lebensjahr eines Menschen endet. Dann sei der Mensch fertig, staatliche Aufgaben zu übernehmen.
Zielbewusste Erfahrung in diesem Programm sei auch wichtig.

Es wird hier angemerkt, dass die Religionen den Weg der Offenbarung als einen zusätzlichen Weg zur Erkenntnis anerkennen, während in Platons Werken nirgendwo Andeutungen über einen solchen Weg zu finden sind.

Das Erziehungssystem der Jugend – wie es in der oben genannten Tetralogie beschrieben ist – fängt mit Musik und Gymnastik an.
Musik sei nützlich für die Seele, und Gymnastik präge einen gesunden Körper, was auch wichtig sei, weil Körper und Seele in Harmonie zusammen leben müssen. Als Kenntnisse schlägt Platon auf dieser Stufe eine Auswahl von Literatur vor. Diese Stufe dauert ungefähr bis zum fünfzehnten Lebensjahr.

Dann kommt die sekundäre Stufe, die 2 – 3 Jahre dauert, also bis zum achtzehnten oder neunzehnten Lebensjahr. Auf dieser Stufe sieht Platon vier Unterrichtsgegenstände als Inhalt der Ausbildung vor: Logik, Arithmetik, Geometrie und Astronomie.

Platon ist ein einfühlsamer Menschenkenner. Daraus ergibt sich sein didaktisches Prinzip, wie er es in „Der Staat" Buch 7 (536 d – e) darstellt. Dort sagt er, dass man dem Unterricht keine Form geben dürfe, die das Lernen gleichsam zu einem Zwang macht. Ein Freier solle kein Lehrfach wie ein Sklave lernen. Denn ein erzwungenes Lernen ist für die Seele nicht von bleibendem Wert. Nicht mit Gewalt also, sondern wie im Spiel solle man die Knaben lernen lassen, dann könne man auch besser beobachten, wozu ein jeder begabt ist.

Der Nutzen der oben genannten Lehrfächer wird von Platon für jedes einzelne Fach erklärt.
So sei es für den Wächter, der ja zugleich Krieger und Philosoph sei, wichtig, das Fach Rechnen durch Gesetz einzuführen und die Männer, die in der Stadt

wichtige Aufgaben erfüllen, zu veranlassen, sich der Rechenkunst zuzuwenden und sie so zu betreiben, dass sie durch das Denken selbst zur Anschauung der Natur der Zahlen gelangen, also nicht zum Kaufen und Verkaufen wie die Händler und Krämer, sondern für den Krieg und damit es der Seele selbst leichter wird, sich vom Werden weg zur Wahrheit und zum Sein hinzuwenden. (Der Staat, 525 c)

Ähnlich versteht Platon auch die Bedeutung der Arithmetik, die sich mit den Arten der Zahlen beschäftigt, als Hilfsmittel einer tieferen Erkenntnis der Substanz des Seienden.
Über Geometrie merkt er an, dass ihr Unterricht nützlich sei, weil man in der Fläche [2-dimensionaler Raum] einzuordnen lerne, was besonders wichtig im Krieg sei! (a.a.O., 526 d).
Einige Zeilen weiter (527 b) weist Platon der Geometrie eine überlegene Rolle zu, indem er sagt, dass die Geometrie die Kenntnis des ewigen Seienden ist.
Astronomie endlich sei der Unterricht des 3-dimensionalen Raumes oder der festen (im Himmel) Körper, die in Bewegung sind.
Die Astronomie macht die Sinne schärfer für die Bestimmung der Jahreszeiten und Monate, erweist sich als nützlich nicht nur für die Landwirtschaft und Schiffahrt, sondern auch für die Kriegsführung. (a.a.O., 527 d)

Die dritte Stufe seines Erziehungssystems bildet die Dialektik, welche das unterrichtete Material der beiden früheren Stufen in Verbindung bringen soll. Ihre Lehre dauert ungefähr fünf Jahre, das heißt, dass man in sein fünfundzwanzigstes Altersjahr kommt.

Das Wort „Dialektik" stammt vom Verb διαλεγεςται = besprechen ab.

In Platons System hält die Dialektik die bedeutendste Stellung. Sie ist die allgemeine Wissenschaft, die zwar die partielle Wahrheit der anderen Wissenschaften in Betrachtung zieht, aber – weil sie eine allgemeine ist – die anderen kontrolliert. Die Dialektik sei die Wissenschaft, die „die Annahmen widerlegt" d.h. die fundamentalen Annahmen der partiellen Wissenschaften.

Die Einführung einer allgemeinen Wissenschaft entsprang Platons Glauben, wie auch seines Lehrers Sokrates, dass es eine objektive, begreifliche Wahrheit gibt. Er war ein Gegner der Sophisten, welche – meist gegen Bezahlung – Argumente oder Ausreden für Alles und Alle erfunden hatten.

Besprechung ist das Hauptmittel der Dialektik, die durch Frage und Antwort, d.h. durch Argumentation (Dialog) zur Entdeckung der Wahrheit führt.
Ein dialektischer Mensch ist nach Platon ein Mensch, der nicht nur die partiellen Kenntnisse der Wissenschaften besitzt, sondern auch „den Zusammenhang begreift".
So versteht man die Kritik, die er gegen die Astronomen ausübte, welche stundenlang den Himmel ansehen, aber unfähig seien, eine Theorie zu finden (eine Theorie, die die himmlischen Erscheinungen erklären könnte), wie auch die Kritik gegen die Musiker, die anständig „die Saiten quälen", ohne jedoch den Weg zur Harmonie finden zu können.

In seinen Büchern sprechen immer Kenner des jeweils aktuellen Diskussionsthemas, welche auch über die Fähigkeit zum Kombinieren mit anderen Gegenständen des Wissens verfügen.

Das Buch „Timaios" hat Platon am Ende seines Lebens geschrieben. Da trägt er seine Gedanken über die Natur vor.
Platon betrachtet die endlosen Verwandlungen der Materie als wirkliche.

Er nimmt die von Empedokles eingeführten vier Elemente – Feuer, Erde, Wasser, Luft – als zugrunde liegende Bestandteile der Materie an.

Jede Erscheinung muss einen sichtbaren und handfesten Körper haben. Nichts aber kann sichtbar sein, wenn es kein Feuer gibt, und nichts kann ohne Festigkeit handfest sein. Ohne Erde aber gibt es nichts Festes. („Timaios", 31 b)

So erklärt Platon die Anwesenheit von Feuer und Erde als Grundelemente. In dem gleichen Abschnitt (31 c – 32 c) geht er weiter und sagt, dass, weil zwei Körper nicht gut verbunden sein können (Erde, Feuer), man einen dritten Körper (als Verbindungsmittel) brauche. Weil aber der Körper des Universums fest sei (mit Tiefe) und nicht flach, brauche man zwei Körper (Substanzen), weil zwei feste (nicht flache) Körper immer nur durch zwei zwischenliegende Körper verbunden sein können. So liege danach zwischen Feuer (das Obere) und Erde (das Untere) Luft und Wasser:
Feuer / Luft = Luft / Wasser = Wasser / Erde.

Es gibt nämlich eine harmonische Analogie mit zwei harmonischen Mitteln (Luft, Wasser), welche die vier Elemente verbindet.

An einer anderen Stelle (40a) schreibt er, dass der Schöpfer vier Genera schuf. Die himmlischen Götter, die Vögel, die sich in der Luft bewegen, das Genus derer, die im Wasser leben, und das Genus derer, die auf der Erde wohnen und leben. Die göttliche Form (die im Himmel lebt) schuf der Schöpfer überwiegend aus Feuer.

So kommen wir wieder zu den vier Elementen, und zwar so angeordnet: Feuer (zu oberst), dann Luft, dann Wasser und endlich Erde (zu unterst).

Platon geht weiter in die Tiefe der Materie, und so folgt er dem Weg Demokrits. Er bildet die sogenannte Geometrische Theorie („Timaios", 53c – 56c), die im Grunde sich wie folgt darstellt:

Jeder feste Körper ist von Flächen eingeschlossen. Die Fläche kann man in zwei Dreiecke auflösen. Platon hält an diesem Punkt seinen Gedankengang und geht nicht weiter in der Geraden und dann bis zum einzelnen Punkt, wie es die Pythagoreer gemacht hatten.

Er betrachtet das Dreieck als das ultimative Element. Von den Dreiecken wählt er das Gleichschenklige und das Spitzwinklige aus. Durch arithmetische Kombinationen, die er analytisch präsentiert, bilden die zwei Sorten von Dreiecken fünf stereometrische Formen:

Ein Tetraeder, einen Würfel, ein Oktaeder, ein Dodekaeder und ein Ikosaeder. Diese Formen waren schon den Pythagoreern bekannt.

Weil der Tetraeder das schärfste von allen sei und weil das Feuer alles spalte und alles durchdringe, ordnete er den Tetraeder dem Feuer zu.

Dann ordnete er den Würfel der Erde zu, weil der Würfel wegen seiner breiten Basis die größte Stabilität von allen Formen hat, so wie die Erde das schwerste und stabilste Element ist.

Dem Wasser ordnete er das Oktaeder zu, Während er der Luft das Ikosaeder zuordnete.

Platon macht verschiedene Anwendungen seiner Theorie. Hier wird ein Beispiel gegeben („Timaios", 81b – 81d):
Wenn ein Lebewesen jung ist, sind seine Dreiecke neu und ihre Verbindungen kräftig. Daher können sie die Dreiecke des Essens und Trinkens auflösen, weil diese Dreiecke älter und nicht so gut gebunden sind wie jene des Lebewesens. Indem das Lebewesen älter wird, werden die Verbindungen ihrer Dreiecke locker, wegen des endlosen Kampfes, den sie mit den von außen kommenden Dreiecken (Essen, Trinken) haben. In diesem Kampf überwiegen endlich die Dreiecke des Essens und Trinkens, die die immer locker werdenden Verbindungen der Dreiecke des Lebewesens auflösen. So endlich kommt der Tod.

Platon widmet sich zwei Problemen, die in der Physik der Neuzeit ihre Lösung fanden:
Dem der gleichförmigen Bewegung und jenem des Begriffs der Schwere.

Aus „Timaios" (57e - 58) erfahren wir, dass die Bewegung nie identisch ist mit der Gleichförmigkeit, weil es zu schwierig – eher unmöglich ist, dass ein Körper bewegt werden könnte, wenn ihn nicht anderes (das erste) bewegen kann. Deswegen ist die Gleichförmigkeit mit der Unbeweglichkeit, die Bewegung aber mit der Ungleichförmigkeit identisch.

Über die Schwere sagt er dort (63c):
Wenn zwei Körper gleichzeitig mit der selben Kraft nach oben gezogen werden (bemerken wir), dass das Kleinere leichter angezogen wird, während das Größere, das schwieriger gezogen wird, sich weniger beeilt (nach oben zu gehen). Dann nennen wir das Größere „schwer" und „das nach unten geht", während das Kleinere „leicht" genannt wird und „das nach oben geht".

Platon, Demokrit folgend, gab auch Erklärungen über die Sinneswahrnehmung: das Tasten, Riechen, Hören und Sehen.

Über das Sehen glaubt er, dass das Licht nicht nur von draußen in die Augen eindringt, sondern dass auch ein inneres Licht die Augen strahlen lässt.
Das sei so, weil der Mensch auch aus Feuer bestehe, und wenn Feuer irgendwo sich finde, könne man sehen.
Von der Kombination der beiden (inneres und äußeres Licht) werden die Bilder und Farben geschaffen.

Über den Ursprung der Zahlen teilt er nicht die Meinung der Pythagoreer, dass sie göttlich sind, sondern er sagt, dass sie eine Schöpfung des Menschen sind.

Bemerkung

Empedokles hat die vier Elemente als Grundelemente eingeführt. Platon übernahm die Vermutung des Empedokles.
Man bemerkt, dass beide sie nicht als äquivalent betrachten. Das Element „Erde" (das Schwerste, das Unterste) und das „Feuer" (das Oberste, das Aktivste) sind die wichtigsten Elemente, während „Luft" und „Wasser" eine sekundäre Rolle spielen.

Das Element „Luft" war von Anaximenes eingeführt worden, weil es durch Verdünnung und Verdichtung in den drei Aggregaten der sichtbaren Materie zu finden ist. Das Element „Wasser", das Thales eingeführt hatte, besitzt Qualitäten ähnlich wie die Luft. Beide sind leicht verwandelbare Elemente.

Wie kann man aber die Gegensätzlichkeit „Feuer" – „Erde" überbrücken?
Die Elemente „Luft" und „Wasser" spielen diese Rolle der Überbrückung. Platon benützt sie als Mittel (nicht zufällig, sondern harmonisch) für den Übergang von „Erde" zu „Feuer" und umgekehrt.

Einem ähnlichen Problem stand die moderne Physik gegenüber:
Feste Partikel oder Welle?
Erde (Festigkeit) oder Feuer (Energie)?

Demokrit hat die Atome (feste Partikel) als letzte Elemente der Materie betrachtet. Platon hat das Dreieck als letzte Einheit eingeführt, welche aber nur eine geometrische Figur ist und keine Materie enthält.

Werner Heisenberg sagt, dass in der heutigen Physik, wo der abstrakte Be-griff „Energie" herrscht, sich besser Platons Dreiecke als Demokrits Atome eignen.

Bemerkungen

Diogenes Laertius erwähnt, dass Platon die Bücher Demokrits verbrennen wollte, weil letzterer den Menschen eingeschlossen hatte, ihn nur als physikalisches System betrachtete und ihn auf ähnliche Weise erklärte.
Man könnte glauben, dass es sich nur um einen wissenschaftlichen Konflikt handelte und folglich Platons Ärger ungerechtfertigt war.
So einfach war es aber nicht.

Die Argumentation, die Demokrit entwickelte und die Platon teilweise in seine geometrische Theorie der Materie auch aufnahm, wurde von den Leuten, mit denen Platon in Auseinandersetzung kam, benützt, nicht aus wissenschaftlichem Interesse, sondern dafür, ihre Lebensweise zu rechtfertigen.

Demokrit lebte und arbeitete in einer kleinen ruhigen, provinziellen Stadt (Abdera), wo er respektvoll von den Einheimischen angesehen wurde. Platon war in Athen, das zu jener Zeit die Metropole war und einige Hunderttausende von Leuten zählte.

Die Umstände, unter denen die zwei Denker ihre Theorien aufbauten, waren ganz unterschiedlich. Demokrit glaubt an eine physikalische Notwendigkeit. Platon glaubt an die Verbindung Vernunft und Notwendigkeit, die das Universum regiere. In dieser Verbindung spiele die Vernunft die erste Rolle.

In unserer Zeit stellt der Physiker von Weizsäcker etwas ähnliches fest, wenn er sagt, „als erstes war die Natur, dann kam der Mensch und dann die Wissenschaft".
Erwin Schrödinger sagt in entsprechender Weise, dass in unserer modernen Wissenschaft das Subjekt (der Mensch) vergessen war.

Das Subjekt ist auch Platons permanente Sorge.

Bibliographie

Platon. „Der Staat", Bücher Z, I, Kaktos Verlag, Athen 1992.

ders., „Parmenides", Kaktos Verlag, Athen 1993.

ders., „Timaios", Kaktos Verlag, Athen 1993.

Die Welt des Aristoteles

Die Vorsokratiker haben im 6. und 5. Jahrhundert v. Chr. die rationalistische Denkweise als Erklärungsweise der Phänomene eingeführt. Ihre Versuche konzentrierten sie in zwei Richtungen:
1. Antworten über die Entstehung der Welt zu geben (Kosmologie)
2. Antworten auf die bemerkte Einheit der natürlichen Erscheinungen zu geben, indem sie Theorien über das vermutlich ursprüngliche Material (Wasser, Luft, usw.) oder über die letzten Bausteine (atomistische Theorie, Theorie der gleichteiligen Ansammlungen von Anaxagoras) aufbauten.

„Aristoteles". New York Museum

Im 4. Jahrhundert auf dem Festland, in Athen, hatte Platon seine Gedanken, seine Sorge in Problemen, die im Zusammenhang mit der moralischen Dimension des Menschen stehen, erschöpft bzw. prinzipiell hatte er auf die Frage „wie der Mensch besser werden könnte" Antwort zu geben versucht. Die äußere Welt des Menschen hatte ihn wenig beschäftigt und das nur am Ende seines Lebens (Buch „Timaios"). In diesem Buch folgt er dem Weg der Vorsokratiker, indem er sich ähnlich wie jene mit Kosmologie und der Theorie der Dreiecke als letzte Bausteine der Materie befasste. Mit Aristoteles fing eine neue Ära an, die sich vielmehr als vorher mit der Welt der irdischen Phänomene, in menschlichem Maß, und weniger mit Mikro- oder Megatheorien wie in der Zeit der Vorsokratiker beschäftigte.

Zugleich nahm Aristoteles Abstand von Platons Lehre, wenn er auch ähnliche Themen wie Platon behandelt (z.B. Gesellschaft, Staat, Gesetze, Geschichte, Politik, Zivilisation), aber er gibt ihnen nicht die moralische Tragweite, welche diese Themen in Platons Philosophie haben.
Aus wissenschaftlicher Sicht lehnte Aristoteles Platons „Theorie der Ideen" ab, welches sehr wichtig für die weitere Entwicklung der Wissenschaft war.

Aristoteles wurde im Jahr 384 v. Chr. in Stagira geboren, einer kleinen Stadt in Mazedonien, einige Kilometer von Thessaloniki entfernt. Er lebte 61 Jahre. Zu früh verlor er seine Eltern, und ein Onkel von ihm übernahm seine Erziehung. Mit seinen 17 Jahren kam er nach Athen in Platons Akademie, wo er 20 Jahre lang bis zum Tode Platons blieb. Wie die meisten Autoren bemerken, ist ein solch langer Aufenthalt etwas ungewöhnlich für einen so großen Denker wie Aristoteles. Der Grund könnte unter anderem darin liegen, dass Aristoteles ein Mazedonier (und auch der hervorragendste Schüler Platons) war, und in jener Zeit die Stimmung in Athen feindlich gegenüber Mazedonien war. Aristoteles fand niemals (bis zum Ende seines Lebens) die Anerkennung, welche die Athener Platon schenkten. Niemals wurde er völlig von den Athenern akzeptiert, Bemerkenswert ist, dass er nach Platons Tod im Jahre 348 nicht die Führung der Akademie übernahm und vielmehr Athen verließ. Zehn Jahre später (im Jahr 338) kam er zurück. Mittlerweile war sein Schüler Alexander der Große König von Mazedonien geworden, Herrscher von ganz Griechenland. Diese Tatsache gab Aristoteles die notwendige Atmosphäre der Sicherheit.

In diesem Jahr (338 v. Chr.) gründete er das Lyzeum im Zentrum des damaligen Athen. Weil er aus Gewohnheit Spaziergänge (griech.: peripatos) machte, auf denen er unterrichtete, nahm das Lyzeum den Titel „peripatetische Schule" an. Sie blieb in Funktion bis zum Ende der Antike.

Das Lyzeum war nicht nur ein Unterrichtszentrum, wie es am meisten die Akademie Platons war, sondern von der Zeit des Aristoteles an war es war auch ein Forschungsinstitut. Die verschiedenen Lehrer und Wissenschaftler betrieben auch Forschung in ihrem eigenen Bereich. Nach dem Lyzeumsmodel wurde später in Alexandria unter Führung von Aristoteles Nachfolgern bzw. Stratons des Physikers das Museum gegründet.

Aristoteles und die peripatetische Schule mit seinen Nachfolgern Theo-phrast und Straton bahnten den Weg für die stürmische Entwicklung der Wissenschaft und Technik, die in den kommenden Jahrhunderten in Alexandria stattfand.

Dieses Kapital umfasst zwei Teile:
A) Das naturwissenschaftliche Werk von Aristoteles
B) Die epistemologischen Prinzipien von Aristoteles

Das naturwissenschaftliche Werk von Aristoteles

Mechanik ist das hauptsächliche Thema, mit dem sich Aristoteles in seiner Sammlung „Physik" befasst. Wir fangen mit dem Buch C an, wo er die Bedeutung prinzipieller Begriffe wie Bewegung, Raum, Unbegrenztes, Vakuum, Zeit abhandelt.

Um ihn besser zu verstehen, wird im voraus versucht, das Begriffspaar „in potentia" und „in Tätigkeit" (Entelechia), von dem Aristoteles sehr oft in seinem Werk Gebrauch macht, aufzuklären.

Mit dem Begriff „in potentia" wollte er die Entwicklung eines Vorganges erklären, welche zwar stattfindet, aber sie hat sich nicht im Jetzt offenbart bzw. das „in potentia" äußert sich in der Möglichkeit des Dinges oder Vorganges, seine Vollkommenheit zu schaffen. Diese offenbarte oder aktive Vollkommenheit, welche die Wirklichkeit des Dinges ist, nenn er „Entelechia". Es gibt nämlich nach Aristoteles einen Abstand zwischen der Möglichkeit, dass etwas passiert, und der Wirklichkeit (ist schon passiert).
Folglich wird von Aristoteles die Entwicklung eines Vorganges oder im allgemeinen das Seiende von seiner Möglichkeit zu seiner Vollkommenheit als nicht sicher, aber eher als wahrscheinlich angesehen. Carl Friedrich von Weizsäcker gibt die folgende Aufklärung in seinem Buch „Die Einheit der Natur" im Kapitel „Möglichkeit und Bewegung. Eine Notiz zur Aristotelischen Physik":
Er schreibt: „Die Möglichkeit 'in potentia' hat, wie man sie auch näher bestimmen mag, mit der Zukunft zu tun. Der Same ist 'in potentia' ein Mensch, d.h. vielleicht wird er einmal ein Mensch sein. Wenn er überhaupt Mensch ist, dann in Zukunft. Die Zukunft ist aber nicht schlechthin die Zukunft, sondern gleichsam das, was von der Zukunft jetzt schon da ist, also in gewissem Sinne gerade die Gegenwart oder Zukunft. In Zukunft wird - vielleicht – ein Mensch da sein. Falls er aber da sein wird, so ist jetzt schon etwas da, was eben das Ding ist, das in Zukunft Mensch sein wird, nämlich der Same. Aber der Same ist noch nicht ein Mensch, er ist eben nur die Möglichkeit zu einem Menschen. Er ist die Weise, in der das Noch-nicht jetzt sein kann: er ist die Gegenwart der Zukunft. Dies aber ist nicht als das, was er aktuell jetzt ist, als Samentröpfchen, sondern nur insofern er 'potentiell' etwas anderes ist, eben Mensch.

Mit der Abwandlung des Begriffs der Bewegung fängt Aristoteles im Buch C der „Physik" an:
„Es wird betrachtet, dass die Bewegung der Kategorie des kontinuierlich Seienden ist, während das Unbegrenzte anfänglich sich im Kontinuum offenbart und deswegen passiert es, dass diese (Leute), die das Kontinuum bestimmen, oft auch den Begriff des Unbegrenzten benutzen, weil (so wird es von ihnen betrachtet), das Kontinuum das ist, das unbegrenzt geteilt werden kann. Auf der anderen Seite kann es ohne Raum, Vakuum und Zeit unmöglich Bewegung geben.
Es ist nun deutlich aus den oben genannten Gründen, aber auch aus dem Grund, dass die oben Genannten (Bewegung, Zeit, usw.) ein Gemeinsames und von allgemeiner Geltung für alles zu Untersuchende sind, dass wir in unserer Forschung weitergehen müssen, indem wir jedes Einzelne (Bewegung, Zeit, usw.) abzuhandeln unternehmen.

(Weil das Studium für die spezifischen Merkmale später als jenes für die gemeinsamen kommt); und als erstes über Bewegung (die Rede), wie wir früher gesagt haben. Ein Ding ist entweder nur als Entelechia (als etwas Aktives und Vollendetes) anwesend oder als Möglichkeit und Entelechia zusammen und dies (das Ding) ist entweder als 'dieses da'(Substanz-Subjekt) anwesend oder als 'so groß' (Quantität) oder als 'solche Gattung' (Qualität) und auf gleiche Weise (geht das weiter) für die anderen Kategorien des Seienden. Wenn wir jetzt über Dinge, die in einem bestimmten Verhältnis sind, sprechen, dann unterscheiden wir das Überlegene und das Mangelhafte (formlos) oder das Aktive und das Passive, und für alles (unterscheiden wir) den Beweger (das, was etwas anderes bewegen kann) und das Bewegliche (das, was vom Beweger bewegt wird); weil der Beweger, ein Beweger des Beweglichen ist und das Bewegliche von dem Beweger bewegt wurde. Es gibt keine Bewegung außerhalb der Dinge, weil das zu verwandelnde (Ding) immer entweder Substanz oder Quantität oder Qualität oder Ort verwandelt und es nichts gibt, wie wir früher gesagt haben, welches keine Substanz, keine Quantität, keine Qualität oder keine der anderen Attribute hat. Folglich ist Bewegung und Verwandlung unvorstellbar außerhalb der oben erwähnten Kategorien, weil es nichts außerhalb der Kategorien gibt." („Physik", Buch C, 200b-201a, Z.3)

Er erklärt in den nächsten Zeilen 201a 3-201a 10, dass die oben genannten Kategorien unter zwei Bedeutungen vorhanden sind, also das „dieses da" (Subjekt der Bewegung), welches geformt oder formlos sein könne, so ähnlich für die Qualität (z.b. schwarz, weiß) und ähnlicherweise für die Quantität eines Dinges, welches Vollendetes oder Unvollendetes sein könne.

Das Gleiche gelte für die Umstellung, dass (das Ding) einmal nach oben und einmal nach unten gehe oder einmal Schweres ist (und folglich nach unten gehe) und einmal Leichtes sei (und folglich nach oben gehe). Die Sorten der Bewegung und der Verwandlung seien folglich so viele wie die Arten des Vorhandenseins des Seienden.

Die Bewegung nämlich gibt es nicht nach Aristoteles an und für sich selbst, aber sie ist etwas Bestimmtes, dem Größe und Bezug auf was z.B. Substanz, Quantität, Qualität zuzuschreiben ist.

Er sagt weiter im Buch C 201 a, Z. 10-15:

„Unter Voraussetzung der Unterscheidung für jedes Genus (Kategorie) in Entelechia, Seiendes als aktive Vollkommenheit, und 'in potentia', Seiendes als Möglichkeit ist die Bewegung die Entelechia des 'potentiellen' Seienden als Seiendes, welches zu der bestimmten Kategorie gehört, z.B. des Veränderbaren als solchen die Veränderung (Entelechia und folglich Bewegung) des Zunehmenden und des Abnehmenden, des Werdenden und Vergehenden, das Werden und Vergehen (Entelechia) und des Umstellbaren die Umstellung (Entelechia)."

Nämlich der Übergang des Seienden von der Möglichkeit zu seiner aktiven Vollkommenheit ist nach Aristoteles die Bewegung. Hierbei bemerkt von Weiz-

säcker in der schon erwähnten Notiz, dass das Paar Möglichkeit – Wirklichkeit der Bewegung vorangeht, d.h. bevor sich die Bewegung offenbart, muss das Ding die Möglichkeit zum Bewegen besitzen.
„Die Frage, wo der Sitz der Bewegung ist, ist jetzt klar geworden, weil die Bewegung in sich ein Bewegliches enthält, in der Tat ist die Bewegung Entelechia des Beweglichen und wird vom Beweger verursacht". (Buch C3, Z13-15)
Über den Beweger bemerkt Aristoteles ein wenig früher (Buch C 202a, Z.3-13): „Es wird aber auch der Beweger bewegt, weil, wie gesagt, das Ding, das potentiell beweglich ist, bewegt wird und dessen Unbeweglichkeit Stillstand ist (weil die Unbeweglichkeit der Stillstand des Dinges ist). Der Beweger macht als solcher dieses, das Bewegliche zu bewegen. Diese aber (das Bewegen) macht er durch Anstoßen (des Beweglichen), so dass er gleichzeitig leidet; weswegen Bewegung als Entelechia des Beweglichen bestimmt wird; es geschieht jedoch durch Anstoßen des Bewegers, so dass er gleichzeitig leidet (vom Beweglichen). Der Beweger ist ja immer etwas, entweder nämlich `dieses da`(Subjekt-Substanz) oder `dieser Natur`(Qualität) oder `so groß`(Qualität), welches (Substanz, Qualität, usw.) der Anfang und die Ursache der Bewegung sein wird.
So hält Aristoteles die Bewegung nicht für ein natürliches Attribut der Materie, das keine Erklärung braucht, wie es Demokrit ansah. Er sucht die Ursache der Bewegung und ordnet diese Ursache verschiedenen Kategorien zu. Obwohl er die Unterscheidung in Beweger und Bewegliches macht, d.h. dass die zwei Körper nicht äquivalent sind (wie in dem Gesetz Newtons der Wirkung - Gegenwirkung) beachtet er trotzdem ihre gegenseitigen Wechselwirkungen (weil, wie er sagt, auch der Beweger leidet).

Die Bewegungen sind nach ihm wie folgt einzuordnen:
1) Zunehmen(oder Werden) und Abnehmen (Vergehen)
2) Veränderung
3) Umstellung (bezüglich des Ortes).

„Wenn die Umwandlung von einem ins Gegenteilige quantitativ ist, dann ist es Zunahme oder Abnahme; wenn es (die Umwandlung) eine örtliche ist, dann ist es Umstellung; wenn sie aber eine Umwandlung einer Eigenschaft (Qualität) ist, dann ist sie (die Umwandlung) eine Veränderung". (Über Werden und Vergehen 319b,Z.30-35)
Dass die natürlichen Erscheinungen ewig sind und dass die Bewegung als deren prinzipielles Kennzeichen auch ewig ist, war eine weit verbreitete Auffassung, welche auch Aristoteles annimmt. So tauchte immer wieder das Problem der Unendlichkeit der Phänomene oder des Unbegrenzten auf: Gibt es das oder nicht? Wenn es das gibt, wie gibt es das? Ist es etwas Wirkliches, Gegenwärtiges oder was?

Aus „Physik" Buch C 203b, Z. 15-26:
„Die Überzeugung, dass es das Unbegrenzte gibt, könnte sich als notwendiges Ergebnis aus fünf Gründen überwiegend ergeben:
Von der Zeit (weil die Zeit unbegrenzt ist), von der Division der Dinge (weil auch Mathematiker den Begriff des Unbegrenzten gebrauchen); auch drittens weil man nur so rechtfertigen kann, dass Zunahme und Abnahme kein Ende nehmen bzw. nur wenn es das Unbegrenzte gäbe, von welchem das (immer) Werdende wegzunehmen ist; auch weil das begrenzte (Ding) auf etwas begrenztes (Ding) hinausläuft, ist es notwendig, dass kein letztes Ende vorhanden ist, wann es immer und notwendig geschieht, dass ein Begrenztes bei einem Begrenzten endet. Der wichtigste (fünfte) Grund aber, über welchen sich alle wundern, (ist), dass es für den Geist scheint, dass es kein Ende gibt und die Zahl als etwas Unendliches betrachtet wird, aber auch die mathematische Größe und das, was außerhalb des Himmels ist."
Und direkt weiter („Physik" Buch C 203b 30 – 204a 9):
„Die Theorie über das Unbegrenzte hat Schwierigkeiten; weil ob wir seine Existenz oder seine Nicht-Existenz annehmen, viele Unmöglichkeiten daraus folgen. Übrigens wenn es das Unbegrenzte als Substanz (Primäres) oder als Attribut irgendeiner Natur gibt? Oder es gibt vielleicht auf keine der zwei Weisen, aber es gibt trotzdem unendliche Dinge? Prinzipiell müsste der Physiker seine Untersuchungen so durchführen, als wenn es unbegrenzte Körper gibt. Als erstes müssen wir die verschiedenen Bedeutungen bestimmen, welche dem Unbegrenzten zugeschrieben werden. Auf eine erste Weise ist das Unbegrenzte das unmöglich zu durchqueren, welches von Natur aus so beschaffen ist, wie z.B. die unsichtbare Stimme. Auf andere Weise (ist das Unbegrenzte) dieses, dass endlose Durchdringung hat; und noch (Unbegrenztes ist) das, welches in Bezug auf Addition oder auf Division oder bezüglich beider steht."
„Dass es unmöglich unbegrenzte Körper gebe, weil diese Körper irgendwo (in einem Ort) sich finden müssen. Jeder sinnlich wahrnehmbare Körper aber ist in einem konkreten Raum. Unmöglich kann der Raum unbegrenzt sein: sofern der Raum unmöglich unbegrenzt sein kann; so kann auch unmöglich irgendein unbegrenzter Körper existieren. Infolgedessen sei es unmöglich, dass ein aktuell unbegrenzter Körper vorhanden sei." (Buch C 205b 25 – 206a 8)

Wie versteht Aristoteles die Existenz des Unbegrenzten?
Nicht als Entelechia, als anwesend, sondern „in potentia", als Möglichkeit.
„Weil die Bedeutungen des Seienden (als Anwesenheit) mehrfache sind, wie z.B. die Tage und die athletischen Spiele, die immer einem dem anderen folgen, so gilt das gleicherweise für das Unbegrenzte (weil diese Dinge beide als Möglichkeit aber auch als aktuelle vorhanden sind); da `Olympische Spiele`, wie wir die Spiele nennen, die wirklich stattfinden (jetzt); weil insgesamt darin das Unbegrenzte besteht, dass etwas anders nach dem anderen kommt und obwohl das,

was man bekommt, immer begrenztes ist, jedoch immer verschiedenes (vom vorherigen) ist". (Buch C, Z. 20-30)
Die Rechnungsarten der Addition und Division beziehen sich auf den Begriff des Unbegrenzten (Buch C 206b, Z. 2-20):
„Wiederum ist das durch Divisionen Unbegrenzte und das durch Additionen Unbegrenzte gewissermaßen identisch, weil sich das durch Addition Unbegrenzte in umgekehrter Weise des durch Division Unbegrenzten erzeugt; weil während die andauernd teilbare Größe nach dem Unbegrenzten geht (ihre Teilungen sind endlos), (bemerken wir), dass dies, was sich durch endlose Additionen erzeugt, nach etwas Bestimmtem (Begrenztem) zielt". (Buch C 206b, Z. 14-20)

Wir bemerken, dass nach Aristoteles es das Letzte nicht gibt, wie es Demokrit und Platon (Dreiecke) konstruiert haben. Das durch Additionen Unbegrenzte hat eine obere Grenze, nämlich diese des sinnlich wahrnehmbaren Körpers (das von Flächen begrenzt wird); denn, wie schon früher geschrieben wurde, nach Aristoteles existiert ein unbegrenzter wahrnehmbarer Körper nicht. Ein anderer Aspekt der Aristotelischen Auffassung des Unbegrenzten ist, dass das Unbegrenzte in den Dingen enthalten ist, aber die Dinge das Unbegrenzte nicht enthalten, d.h. das Unbegrenzte ist nicht etwas Primäres, wie es Anaximander angenommen hatte.
Im Zusammenhang mit dem Begriff des Unbegrenzten wird hierbei die Definition des Kontinuums von Aristoteles gegeben („Physik" Buch Z 232b, Z. 24-25):
„Kontinuum nenne ich das immer weiter zu teilende Teilbare". D.h. das Ding, bei dem Divisionen kein Ende finden können.
Von Weizsäcker kommentiert in der früher erwähnten Notiz: „Unendlichkeit und Kontinuum sind wesentlich auf Bewegung bezogen und sind insofern keine eigentlich mathematischen Begriffe, treten auch meines Wissens bei Aristoteles nie als solche auf. Denn der Sinn des Begriffs Unendlichkeit ist ja nur die Möglichkeit des Weiterzählens, Weiterteilens, Streckenverlängerns. Und das Kontinuierliche, etwa eine Strecke, ist ja nur 'der Möglichkeit nach unendlich'; die Strecke 'besteht' nicht aus unendlichen vielen Teilen, sondern lässt zu jeder vollzogenen Teilung eine weitere zu. Alle diese Möglichkeiten sind nicht 'logische' sondern 'reale' Möglichkeiten; wer wirklich zählt, teilt, wer Strecken verlängert, vollzieht eine wirkliche Bewegung".

Anmerkung: Um die Bedeutungen des „durch Addition Unbegrenzten" und „durch Division Unbegrenzten" zu erhellen, wird das folgende Beispiel gegeben:

Wir nehmen einen geradlinigen Ausschnitt. Wir wählen eine Proportion, z.B. 1:2, die dauerhaft die gleiche (stabil) sein soll. Wir machen dann eine erste Teilung des Ausschnitts in zwei Abschnitte. Diese Abschnitte haben die Proportion 1/2, 1/2 im Vergleich mit dem ganzen Ausschnitt. Wir wiederholen die Teilung in einem Abschnitt. Dann stehen die neuen Abschnitte in 1/4, 1/4 Proportion zu dem ganzen Abschnitt. Wir können diese Teilungen unbegrenzt wiederholen. Die Reihe, die diese Abschnitte bildet ist: 1/2, 1/4, 1/8,...
Wenn wir diese Brüche addieren, bilden wir die arithmetische Reihe 1/2 + 1/4 + 1/8 +..., welche als oberen Grenzwert den ganzen Ausschnitt hat (nach Aristoteles ist der Körper begrenzt, bestimmt durch seine Flächen). Nach unten aber (durch Division) gibt es keinen Grenzwert, So versteht man, warum das „durch Addition" Begrenzte umgekehrt „durch Division" unbegrenzt ist.
Mit der Abhandlung des Begriffs des Raumes oder Ortes fängt Aristoteles im Buch D seiner „Physik" an. Inwiefern es den Raum gibt, wie es den Ort gibt, wo das Ding liegt, sind Fragen, welche Aristoteles in der Einleitung des Buches stellt.
„Dass es jetzt den Raum gibt, wird von der gegenseitigen Umstellung (der Dinge) als klar betrachtet, weil wo es im Moment Wasser gibt, da, wenn wir das Wasser entnehmen, genau wie in ein Gefäß die Luft eindringen kann. Da aber der Ort von verschiedenen Körpern besetzt sein kann, wird (der Ort) als was Unterschiedliches von den Dingen, die durch ihn aneinander vorbeigehen und ihre Positionen gegenseitig wechseln, betrachtet, weil wo es jetzt Luft gibt, da es früher Wasser gab, so dass es klar wird, dass der Raum etwas Unterschiedliches von beiden (Luft, Wasser) ist, welche ihre Positionen wechseln, eingehend in ihn und ausgehend von ihm.
Wiederum äußern sich die Umstellungen der einfachen, natürlichen Körper wie z.B. des Feuers und der Erde und der ähnlichen Körper, dass der Raum etwas (vorhandenes) ist, und dass auch einigermaßen Kraft besitzt; weil wenn es ein Hindernis gibt, kommt jedes von ihnen an seinem eigenen (natürlichen) Ort, das eine (Feuer) nach oben, das andere (Erde) nach unten." (Buch D, 208 b 1-13)
Diese Orientierung (nach oben, nach unten), werde nicht in Bezug auf uns, aber als objektiv betrachtet.
„Das oben existiert ja nicht zufällig, sondern ist der Ort, wohin das Element Feuer und aller leichten (Körper) zieht; auf ähnliche Weise es das ′nach unten′ gibt, weil (das Unten) der Ort der schweren und (folglich) der irdischen Dinge ist, so dass die Orte (nach oben, nach unten) sich von einander unterscheiden, nicht nur wegen ihrer Positionen sondern auch hinsichtlich der Kraft, über die sie verfügen." (Buch D 208b Z. 19-23)
Folglich ist die Orientierung am Ort, allgemein gesehen, von den dingen abhängig (oben – Leichtes, unten – Schweres).

Erläuterung: Die Erde in der antiken Zeit wurde als das Zentrum des Universums angesehen.
Nachdem Aristoteles allgemein den Raum festegelegt hat, sucht er nach dem Raum, welcher en einzelnen Körper besitzt bzw. den Raum des bestimmten Körpers.
„Allerdings wenn wir annehmen, dass der Raum vorhanden ist, kommt man auf die Frage, was er von beiden ist, eine Art Volumen des Körpers oder von einer anderen Natur? Weil wir am Anfang sein Genus festlegen müssen". (Buch D 209a Z. 2-7).
Ein wenig weiter (209b, Z. 1-20) und in Bezug auf die platonischen Ideen fragt sich Aristoteles, ob der Raum die Materie des Körpers oder auch die Form des Dinges sein kann. Er bemerkt (Buch D 209b, Z. 23-30):
„Dass der Raum keines von beiden (Materie oder Form des Dinges) ist, ist nicht schwierig zu verstehen. Die Materie und die Form sind nicht vom Ding getrennt, der Raum aber ist so vorhanden (als etwas Getrenntes vom Ding), weil, wie gesagt, wo es im Moment Luft gibt, das Wasser kommt, indem sie sich miteinander ablösen und etwas ähnliches mit den anderen (Dingen) passiert, so dass der Raum weder Teil noch Zustand eines Dinges ist, sondern etwas Getrenntes (vom Ding ist). Der Ort kann als eine Sorte von Gefäß betrachtet werden, weil das Gefäß ein tragbarer Ort ist; wiederum gehört nicht das Gefäß zum Ding (welches im Gefäß eingeschlossen ist)".
D.h. der Raum des Dinges, welches den Körper enthält, folgt dem Körper, wenn es in Bewegung ist, oder, wie Aristoteles sagt, der Ort ist eine Sorte tragbaren Gefäßes.
Im folgenden könnte es deutlich werden, was endlich der Ort (Raum) ist. Schreiben wir ihm als erstes die Qualitäten zu, welche, wie es allgemein angenommen wird, wahrhaft nur ihm gehören.
„Wir postulieren es, dass der Ort der Ort des Dinges ist, welches sich von ihm (dem Ort) einschließt und unabhängig (der Ort) vom Ding ist, und (postulieren wir), dass der direkte Ort (in direkter Berührung mit dem Ding) weder kleiner noch größer als das Ding, das er enthält, ist, und weiter, dass der Ort verlassen werden kann (vom Ding, das er enthält) und als Getrenntes (vom Ding) existieren kann und zusätzlich, dass jeder Ort das Oben und das Unten hat und endlich, dass es geschieht, dass sich jeder Körper von Natur aus nach seinen natürlichen Orten richtet und da bleibt, und wenn er sich bewegt, macht er das in der Richtung des 'nach oben' oder des 'nach unten' (natürliche und nicht gezwungene Bewegung)". (Buch D 4 – 221a, Z.5)
Er kommt wieder auf den Zusammenhang von Ort und Bewegung (Buch D 211a, Z. 12-15):
„Wir müssen das klarmachen, dass der Ort kein Forschungsobjekt wäre, wenn er nicht eine Sorte örtlicher Bewegung wäre, weil dadurch gesagt werden kann,

dass auch der Himmel als etwas anzusehen ist, das innerhalb eines Ortes ist, da er immer in Bewegung ist".
Was sei endlich der Ort des Dinges? (Buch D 211b 5-9):
„Schon ist es klar geworden, was der Ort ist. Es gibt vier Dinge, welche wir als Ort nennen können, d.h. entweder die Materie des Dinges oder seine Form oder ein Abstand, der sich zwischen den ultimen, innersten Punkten (des Körpers, welcher den anderen Körper enthält, z.B. die Luft) erstreckt, oder dieselben, letzten Punkte, wenn es geschieht, das nichts anderes vorhanden ist außerhalb der Größe des Körpers, den diese Punkte einschließen".
Dass die Materie und die Form des Dinges der Raum seien, hat Aristoteles schon ausgeschlossen.
Andererseits soll der Ort das Ding immer „begleiten" (tragbares Gefäß). So schließt Aristoteles auch die Möglichkeit, dass der Ort ein stabiler Abstand sei (die dritte Version) aus. So sei der Ort das vierte, das letzte Ende (die letzten Punkte) des Körpers, welcher in sich den bestimmten Körper enthält, wo die zwei Körper sich direkt miteinander berühren. Er fügt hinzu: „Nenne ich jetzt den Körper, der in einem anderen enthalten ist, den Körper, der in Bewegung ist". (Buch D 212a, Z. 3-8)
Nämlich nach Aristoteles gibt es zwei Orte: den Ort als etwas Allgemeines, wo die Körper sich bewegen, aber auch den Ort für jedes einzelne Ding, d.h. die innerste Fläche des allgemeineren Ortes, in dem das Ding enthalten ist. Folglich könnte man folgern, dass durch seine Bewegung das Ding seinen Raum gestaltet.
Aristoteles (Buch D 212a, 15-20) gibt das Beispiel eines Flusses (allgemeiner Ort), wo sich ein Schiff bewegt (konkreter Ort), und er bemerkt, dass, obwohl sich das Schiff bewegt, der Fluss als etwas Gesamtes betrachtet, unbeweglich ist.

S. Sambursky im Buch „Das Naturbild der Griechen" merkt im Kapitel über Aristoteles an, dass der Aristotelische Raum dem Raum der Allgemeinen Theorie der Relativität ähnelt. Er schreibt:
„Die Art und Weise, in der Aristoteles seinen Begriff 'Ort' mittels einer Kombination von Geometrie und Materie konstruiert, erinnert an die Raumauffassung der allgemeinen Relativitätstheorie. Auch diese Theorie verwirft das Newtonsche Bild des Raumes als eines unendlichen Kastens, in dem sich die physikalischen Partikeln bewegen, und stellt den Raum als eine Art Union des Körpers und seiner Umgebung dar; der Körper bestimmt die Geometrie seiner Umgebung, und diese kann nicht gesondert von dem Körper gedacht werden. Eine physikalische Partikel ist demnach als Singularität im 'metrischen Feld' aufzufassen, das sie umgibt. Andererseits ist dieses Feld durchaus kein leerer Raum, sondern stellt eine Art von Emanation der Materie dar, genau so, wie die Mate-

rie eine Art von Materialisation des Feldes darstellt. Diese Denkweise führt also, wie die des Aristoteles, zu einer Negierung des Vakuums".
Das Vakuum und seine Existenz oder Nicht-Existenz ist der Begriff, dessen Abhandlung nach dem Begriff des Raumes in Buch D folgt.

Es wird erinnert, dass Aristoteles die Bewegung in drei Sorten klassifizierte:
1) quantitative Umwandlung (Zunahme – Abnahme)
2) qualitative Umwandlung (Veränderung)
3) örtliche Bewegung (Umstellung)
Diese dritte Sorte der Bewegung, die örtliche Bewegung, ist besonders wahrnehmbar im Vergleich mit den anderen Sorten der Bewegung.
Um diese Bewegung zu ermöglichen, hatten die Atomisten (und nicht nur sie) die Existenz des Vakuums angenommen, weil nach ihren Überlegungen, wenn es nur das Volle gäbe, die bemerkte Umstellung der Körper unmöglich wäre. In diesem Fall der Bewegung (örtliche) sollte es das Vakuum geben als eine Sorte von Ort außerhalb des Körpers, in dem sich der Körper bewege.
Andererseits und auf die erste Sorte der Bewegung bezogen, zeige die Tatsache der Verdünnung und Verdichtung der Körper (z.B. Wein im Schlauch enthalten) auf, dass es das Vakuum auch innerhalb des Körpers gebe.
Wie werde nun das Vakuum gemeint? (Buch D 214a, Z. 6-16):
„Nun ist es deutlich, dass man auf eine erste Weise Vakuum dieses nennt, welches nicht voll von wahrnehmbaren Körpern hinsichtlich des Tastsinns ist; und Wahrnehmbares hinsichtlich des Tastsinns, ist etwas, was Schwere oder Leichtigkeit besitzt (deswegen man sich wundern könnte), wenn er aufgefordert würde zu entscheiden, was von beidem stimmt, wenn eine Entfernung Farbe oder lautlosen Schall in sich hätte (was er von beiden sagen könnte), dass es ein Vakuum ist oder nicht? (absurd). Folglich ist es deutlich, dass, wenn die Entfernung keinen sinnlich erfassbaren Körper in sich aufnimmt, dann ist es ein Vakuum, ansonsten ein Nicht-Vakuum. Unter anderer Bedeutung ist Vakuum dieses, wo es nicht das 'dieses da' (konkreter Körper), aber auch keine andere körperliche Substanz gibt; deswegen sprechen diejenigen, die das Vakuum als die Materie des Körpers (wie auch für den Ort) bestimmen, nicht in richtiger Weise; da die Materie nicht gesondert von den Dingen existiert, aber sie (die Forscher) die Materie als etwas, das gesondert von den Dingen sein kann, erforschen".
Und auch (Buch D 214a, Z. 25-33):
„Es ist nicht notwendig, wenn es die Bewegung gibt, dass auch das Vakuum vorhanden ist. Im allgemeinen ist auf keine Weise die Existenz des Vakuums notwendig und zwar für keine Bewegung; da (auch) das Volle verändert werden kann; das gilt auch für die örtliche Bewegung (die Nicht-Existenz des Vakuums); weil es möglich ist, dass die Körper gleichzeitig miteinander die Positionen wechseln, ohne dass ein gesonderter Abstand außerhalb der bewegenden

Dinge vorhanden ist; und das (ist so) in den Wirbeln der kontinuierlichen Körper, wie auch in den Wirbeln der Flüssigkeiten".
Aristoteles kommt näher an das Problem des Vakuums:
„Was jetzt diejenigen betrifft, die über das Vakuum als etwas Notwendiges sprechen, wenn es wirklich die Bewegung geben wird, haben wir, wenn man systematisch das Problem untersucht, das Gegenteil vom erwarteten Ergebnis, nämlich dass es nicht möglich ist für ein einsames Ding, in Bewegung zu sein, wenn es ein Vakuum gibt; weil, wie man behauptet, dass die Erde wegen Homogenität in Ruhe steht, so auch ein Körper, der im Vakuum liegt, ruhig bleiben muss, da es keine Richtung gibt, auf welche er mehr oder weniger bewegt werden muss, sofern das Vakuum als solches keine Differenzierung (in den Richtungen) aufweist; denn jede Bewegung ist entweder eine gezwungene oder natürliche. Es muss aber unbedingt, wenn es die gezwungene Bewegung gibt, auch die natürliche Bewegung existieren (da die gezwungene Bewegung widernatürlich ist und die widernatürliche Bewegung nach der natürlichen Bewegung in der Reihe der Bewegungen kommt); so dass, wenn es nicht für die natürlichen Körper die natürliche Bewegung gibt, erst recht keine der anderen Bewegungen vorhanden ist. Wie aber ist es möglich, dass es die natürliche Bewegung gibt, wenn es keinen Unterschied zwischen Vakuum und Unbegrenztem gibt? Weil es im Unbegrenzten als solchem nichts, das als oben, unten oder in der Mitte charakterisiert würde, gibt; so gibt es auch für das Vakuum keinen Unterschied zwischen 'oben' und 'unten' (weil, wie es in Bezug auf die Null keinen Unterschied gibt, so auch für das Vakuum nicht; das Vakuum scheint nur so, als Nicht- Seiendes und als Entziehung von Anwesenheit.
Die natürlichen Bewegungen nun unterscheiden sich voneinander, so dass auch die natürlichen (Dinge) sich voneinander unterscheiden. Nun existiert entweder nirgendwo und für keines die natürliche Bewegung, oder, wenn es die letztere gibt, dann gibt es kein Vakuum. Während nun die Körper, die man wirft, sich bewegen, obwohl dieses, das sie angetrieben hat, nicht mehr (mit ihnen) in Berührung ist, (und die Körper die Bewegung durchführen) entweder indem sie gegenseitig ihre Positionen wechseln, wie manche es behaupten (zusammenstoßen), oder weil die Luft, die (vom Körper) angetrieben wurde, den Körper schneller in entgegengesetzter Richtung von der Richtung seines natürlichen Ortes antreibt; im Vakuum aber nichts davon vorhanden ist, und folglich kann ein Körper nur als was Tragbares (von einem anderen Körper) bewegt werden. Übrigens wenn es ein Vakuum gibt, kann niemand erklären, warum das Bewegte irgendwo stehen bleiben muss; warum muss der Körper hier oder lieber da stehen bleiben? Folglich muss er entweder stehen bleiben oder muss auf die Dauer bewegt werden, wenn das ein größerer Körper nicht hindert." (Buch D 214b, Z. 28-33; 215a, Z. 1-26)
Nach Aristoteles gibt es nämlich im Vakuum keine Orientierung bzw. nach oben, nach unten, nach rechts, nach links, und das stehe im Widerspruch mit un-

serer Wirklichkeit, wo wir bemerken, dass die Körper immer einer Richtung folgen. Das Vakuum schließe jede Möglichkeit von Orientierung aus.
In den letzten Zeilen des obigen Abschnitts formuliert Aristoteles das erste Newtonsche Gesetz bzw. das Prinzip der Trägheit, wenn F=0 => U=0 oder U=const., welches aber nicht akzeptiert wird wegen seiner Ablehnung der Existenz des Vakuums.
Wir erinnern uns daran, dass das „Oben" der natürliche Ort leichter Körper ist, bzw. wo auf natürliche Weise die leichten Körper hingehen (natürliche Bewegung) und das „Unten" der natürliche Ort der schweren Körper. Diese Diskriminierung, wie schon früher erwähnt, hat einen objektiven Charakter.
Aristoteles führt seine Argumentation über die Nicht-Existenz des Vakuums weiter:
„Ferner ergibt sich unsere Behauptung auch aus folgenden Überlegungen:
Wir sehen, dass die Schnelligkeit der Bewegung eines Gewichtes oder Körpers von zwei Ursachen abhängt, entweder vom Unterschied der Medien (z.B. Wasser, Erde oder Luft) oder vom Unterschied der Schwere oder Leichtigkeit der bewegten Körper, wenn alle anderen Umstände die gleichen sind. Das Medium hindert die Bewegung, wenn es sich in entgegengesetzter Richtung bewegt, aber auch wenn es ruht, insbesondere wenn es schwer zu durchteilen ist, zum Beispiel wenn es eine große Dichte hat. A wird daher das Medium B in der Zeit C durchlaufen und das dünnere Medium in der Zeit E, wobei die Zeiten den Dichten proportional sind, vorausgesetzt, dass die Längen in B und D gleich sind. Es sei zum Beispiel B Wasser und D Luft; um so dünner und unsubstantieller Luft ist als Wasser, in dem Maße wird A sich schneller durch D bewegen als durch B. Die Geschwindigkeiten werden sich also verhalten wie die Dünne von Luft zu der von Wasser. Wenn demnach Luft zweimal so dünn ist, wird der Durchgang durch B doppelt so lang dauern wie der durch D, und die Zeit C wird die Doppelte der Zeit E sein. Allgemein wird gelten, dass die Bewegung um so schneller ist, je unsubstanzieller, weniger hinderlich und leichter durchteilbar das Medium ist. Es besteht aber ebenso wenig ein Verhältnis zwischen dem Vakuum und der Substantialität eines Stoffes wie zwischen dem Nichts und einer Zahl.
Das Vakuum kann kein irgendwie geartetes Verhältnis zum Plenum haben und daher auch nicht die entsprechenden Bewegungen, sondern wenn durch das dünnste Medium eine bestimmte Strecke in einer bestimmten Zeit zurückgelegt wird, so wird die Bewegung durch das Vakuum jede Proportion überschreiten".
(Buch D 215a, Z. 24-31, 215 Z. 1-24) (Übersetzung des Abschnittes von S. Sambursky)

Die Bewegungen sind nach Aristoteles vergleichbar, bzw. was ihre Attribute betrifft, wie Zeit der Bewegung, Entfernung, Geschwindigkeit. Diese Attribute sind sinnlos, wenn wir über eine Bewegung durch das Vakuum sprechen und

folglich die Vergleichbarkeit der Bewegungen unvorstellbar ist. Er unterscheidet auch Medien mit Dichten verschiedener Grade. Das Vakuum aber hat keine Dichte (wie jedes Nichts) und hält folglich auch aus dieser Sicht keinem Vergleich mit anderen Medien stand.
Körper und Medien seien die zwei Komponenten der Bewegung. Im folgenden schreibt er über die Körper.
„In dem Maße nun, in dem die Dinge sich voneinander unterscheiden (infolge der Medien, durch die sie sich bewegen), passieren die oben erwähnten, während hinsichtlich der Überlegenheit der Körper, die sich umstellen, (passieren) die folgenden: In der Tat bemerken wir, dass die Körper, welche größere Potenz haben, entweder infolge ihrer Schwere oder infolge ihrer Leichtigkeit schneller die gleiche Strecke durchlaufen, in der Proportion, die zwischen ihnen, gegenseitig, die vergleichbaren Körper haben, wenn die anderen Umstände der Bewegung die gleichen sind. So ähnlich muss es passieren, wenn der Körper das Vakuum durchläuft. Aber das ist unmöglich; denn: aus welchem Grund wird sich der Körper (im Vergleich mit einem anderen Körper) schneller bewegen? Da, wenn es das Volle gibt, macht es zwangsläufig der Körper, weil ein Körper schneller ein volles Medium durchteilt und zwar infolge seiner größeren Potenz (im Vergleich mit einem anderen); in der Tat, der Körper, der sich bewegt, oder sich fallen lässt, teilt das Medium durch, entweder wegen seiner Form oder wegen seiner Potenz (Schwere oder Leichtigkeit, die er besitzt); wenn es jetzt das Vakuum gäbe, müssten alle Körper die gleiche Geschwindigkeit haben, was aber unmöglich ist.
Es ergibt sich nun, wenn es das Vakuum gibt, das gegenteilige Ergebnis von dem, das diese Leute erwarteten, und für seine Existenz gesprochen haben und es auch konstruiert haben". (Buch D 216a, Z. 13-23)
Es ist hierbei zu bemerken, dass Aristoteles das Fallgesetz von Galileo Galilei errät (die gleiche Geschwindigkeit im Vakuum), welches er aber wegen der Nicht-Existenz des Vakuums (wie früher das Prinzip der Trägheit) nicht annimmt.
Nach ihm braucht die örtliche Bewegung (Umstellung) kein Vakuum, das getrennt vom Körper sein muss, um die Bewegung zu ermöglichen. Aristoteles, wie er es früher mit dem Begriff des Raumes oder des Ortes gemacht hat, sieht die Welt als ein endloses Kontinuum an, wo es kein Intervall von Vakuum gibt.
Die erste Gattung der Bewegung (Zunahme – Abnahme oder Schrumpfung) hängt mit dem Problem der Verdichtung oder Verdünnung der Körper zusammen. Wie kann man erklären, dass es dünne und dichte Körper gibt, insbesondere wie kann man ihre gegenseitige Transformation erklären (z.B. Luft, Wasser), wenn man ein Vakuum, das innerhalb der Körper liegt, nicht akzeptiert?
Diese Transformationen könne man so verstehen, dass es, wenn z.B. der Körper dünn sei, auch ein Vakuum innerhalb des Körpers gebe, so dass, wenn neue Materie das Vakuum erfülle, der Körper dicht werde. Aristoteles bemerkt, dass „die

Größe und die Kleinheit des sichtbaren Volumens sich nicht, weil etwas Zusätzliches in der Materie hinzugefügt wird, ausdehnt, sondern weil die Materie potentiell Materie für beide ist, so dass dasselbe Ding dünn und dicht ist und für beide Zustände die Materie eine und dieselbe ist. Von diesen beiden (Dingen) ist jetzt das Dichte auch das Schwere, während das Dünne leicht ist". (Buch D 217b, Z. 8-12 und für den ganzen Abschnitt Buch D 9)

Anmerkung: Man könnte auf die Idee kommen, dass wir durch einen allmählichen Verdünnungsvorgang vom Vollen ins Vakuum übergehen können. So würde man das Vakuum als Null oder Nichts ansehen. Nach Aristoteles kann das nicht passieren. Nach ihm kann die Kontinuität der Materie nie zerbrochen werden, und der Übergang vom Plenum (so dünn es sein kann) zum Vakuum ist ein nicht zu zählender Sprung (infinite Unterbrechung).
Die Zeit ist der letzte der fundamentalischen Begriffe, mit dem sich Aristoteles befasst und auch das Buch D seiner „Physik" beendet. Er stellt ähnliche Fragen wie früher für die anderen Begriffe, nämlich, wenn es die Zeit gibt, wie es sie gibt, wie die Zeit wahrgenommen wird, welche Eigenschaft sie hat.
„Dass nun die Zeit entweder gar nicht existiert oder es sie kaum und schwach gibt, könnte man aus dem folgenden schließen: In der Tat ist ein Teil von ihr schon geworden, und es gibt ihn nicht mehr (Vergangenheit), während es einen anderen (Teil) in der Zukunft geben wird, der noch nicht existiert. Und genauso besteht die (theoretische) unbegrenzte Zeit und die (praktische) Zeit, die wir immer annehmen (praktisch), aus diesen zwei Teilen (Vergangenheit, Zukunft). Dass aber (die Zeit) aus Nicht-Seiendem besteht, könnte uns zu der Folgerung führen, die Zeit sei nicht Teil der Wirklichkeit". (Buch D 217b, Z.32-36; 218a Z. 1-2)
Aristoteles verbindet die Zeit mit Bewegung. Er versucht aufzuklären, wann die Zeit auch Bewegung ist oder eine Eigenschaft der Bewegung (Buch D 219a 4-10): „Eigentlich haben wir die Empfindung der Zeit und der Bewegung gleichzeitig; da wenn es Dunkelheit gibt und kein Reiz von dem Körper empfunden wird, aber es irgendeine Bewegung in der Seele gibt, denkt man gerade, dass irgendeine Zeit vorbei ist; und umgekehrt, wenn wir das Gefühl haben, dass irgendeine Zeit vorbei ist, dann haben wir zugleich den Eindruck, dass irgendeine Bewegung stattgefunden hat. Folglich ist die Zeit entweder Bewegung oder etwas mit Bewegung Zusammenhängendes, sofern aber (die Zeit) keine Bewegung ist (wie wir weitersehen), muss sie unbedingt etwas, das zur Bewegung gehört, sein".
Und gerade unten:

„Weil jetzt ein Ding, das im Raum in Bewegung ist, sich von einem Punkt (des Raumes) zu einem anderen bewegt und auch jede (räumliche) Größe kontinuierlich ist, ist auch die Bewegung kontinuierlich, und ähnlich ist die Zeit kontinuierlich, sofern die Bewegung so groß ist (die Strecke, die zurückgelegt wurde), ebenso ist immer die Zeit, welche vorbei ist, groß. Allerdings ist das ‚Frühere' (Vergangenheit) und das ‚Spätere' (Zukunft) als er-stes am Ort vorhanden. Weil es jetzt für die Größe das (räumliche) ‚Früher' und ‚Später' gibt, muss es auch für die Bewegung das ‚Frühere' und ‚Spätere' geben, da es entsprechend für den Körper gilt. Es gibt aber auch für die Zeit das ‚Frühere' und ‚Spätere', da jedes von ihnen (Zeit – Bewegung) eines dem anderen folgt (Zusammengehen). Es ist jetzt das ‚Frühere' und ‚Spätere' (für den Raum und die Zeit) auch in Bezug auf die Bewegung; allerdings ist deren ‚Sein' (früher – später) etwas Verschiedenes von der Bewegung.
Wiederum kennen wir die Zeit, selbst wenn wir die Bewegung in Teile durchteilen bzw. wenn wir das Frühere vom Späteren unterscheiden; und folglich sagen wir, dass eine Zeit vorbei ist nur, wenn es geschieht, und in Bezug auf die Bewegung, dass wir das Gefühl des Früheren oder Späteren haben". (Buch D' 219a, Z. 5-25)
Aristoteles begründet die Existenz der Zeit durch die Existenz der Bewegung, die der Körper durchführt, wenn er seine Positionen im Raum wechselt, das heißt, der Körper ist jetzt hier und später ist er da usw. Das Subjekt, welches die Zeit empfindet (aber auch die Bewegung), ist der Mensch oder vielleicht das beseelte Dasein. Aristoteles unterscheidet das Frühere und Spätere vom „Jetzt".
Er fährt fort: „Wenn es geschieht, dass wir entweder als eins das ‚Jetzt' und nicht als ‚Früher' oder ‚Später' in Bezug auf die Bewegung empfinden oder (das Jetzt) als eins und dasselbe empfinden, welches aber früher und später eines anderen Dinges war (wir gehen mit unserem ‚Jetzt' zusammen), dann haben wir den Eindruck, dass keine Zeit vorbei ist, weil es keine Bewegung gab. Wenn wir aber das ‚Jetzt' empfinden als ‚Früher' auf einer Seite und als ‚Später' auf der anderen Seite, dann sagen wir, dass die Zeit vorbei ist; weil das die Zeit ist, nämlich die Zahl der Bewegung in Bezug auf das ‚Frühere' und ‚Spätere'. Folglich ist die Zeit keine Bewegung, aber enthält sich als Zahl in der Bewegung". (Buch D' 219a, Z. 30-35; 219b, Z. 1-4)
Das „Jetzt" des Dinges geht mit dem Ding zusammen und dadurch werde die Zeit in Früher und Später differenziert:
„Das ‚Jetzt' geht mit dem Körper, das sich umstellt, zusammen genau wie die Zeit mit der Bewegung (zusammengeht). Weil wir durch den Körper, der sich bewegt, das ‚Frühere' und ‚Spätere' wahrnehmen und das in Bezug auf die Bewegung und in dem Maße, dass das Frühere und Spätere gezählt werden können, gibt es das ‚Jetzt'". (219b, Z. 23-27)

Das „Jetzt" also folgt dem Körper und teilt die Zeit in eine frühere und eine spätere. So ähnlich stand Aristoteles dem Problem des Raumes gegenüber, wo er auch folgerte, dass der Raum dem Körper folgt.
Aristoteles unterscheidet die Vergangenheit der Zeit von deren Zukunft. Die zwei Richtungen seien nicht gleichartige (Buch D 220b, 5-15):
„Und sicher ist, dass die Zeit als derselbe Moment überall die gleiche, aber die Zeit des Früheren und Späteren nicht dieselbe ist, weil die gegenwärtige Umwandlung eine ist, die schon gewordene Umwandlung aber und die zukünftige von einander unterschieden; und (nicht zu vergessen ist), dass die Zeit Zahl ist, nicht eine Zahl, die zählt, aber eine Zahl, die gezählt wird, und in Bezug auf das Frühere und Spätere geschieht es, dass diese (die Zeit) immer verschieden ist, weil ihre ‚Jetzt' verschieden sind. Zwar kann die Zahl eine und dieselbe sein, z.B. bei hundert Pferden und hundert Menschen ist die Zahl dieselbe (100). Jene aber, deren die Zahl Hundert (100) ist, sind verschieden, nämlich die Pferde von den Menschen. Übrigens, wie eine Bewegung immer wieder die gleiche sein kann, so auch die Zeit, wie z.B. das Jahr oder der Frühling oder der Herbst". (Buch D' 220b, Z. 5-15)
Die Zeit ist die Zahl der Bewegung, aber gleichzeitig und umgekehrt wird sie mittels der Bewegung gezählt.
„Doch zählen wir die Bewegung durch die Zeit, aber auch die Zeit durch die Bewegung, da die eine die andere bestimmt und zwar die Zeit die Bewegung bestimmt, indem sie ihre Zahl (der Bewegung) ist und umgekehrt die Zeit die Bewegung bestimmt. Wir sagen ‚viel' oder ‚wenig' Zeit, indem wir mittels Bewegung zählen (als Maß) genau so, wie wir mit dem Zählbaren die Zahl zählen, z.B. mit einem Pferd (Zählbares) die Zahl der Pferde (zählen).
Tatsächlich kennen wir durch die Zahl die Menge der Pferde und finden (umgekehrt) mit einem Pferd (als Maß) wieder die Zahl der Pferde (Entsprechung Zahl <-> Pferde).
Das gleiche gilt im Falle der Zeit und der Bewegung, weil wir die Bewegung durch die Zeit zählen und die Zeit durch die Bewegung. Und das ist richtig so, weil die Bewegung dem Körper folgt und die Zeit der Bewegung (folgt) und weil das alles kontinuierliche Größen sind und auch teilbare". (Buch D 220b, Z. 15-26)
Hierbei spricht Aristoteles über die ewigen Dinge, welche aber unbeweglich sind, weil sie ansonsten innerhalb der Zeit wären (z.B. mathematische Objekte).
Zeit und Bewegung sind verbunden, und wie Aristoteles schon gesagt hat, zählen wir die Zeit durch Bewegung. Und genauso machen es die Menschen, wenn die globale Uhr die Umdrehung der Sonne ist. Er erklärt, dass die gleichförmige zyklische Bewegung (örtliche Bewegung – Umstellung) sich als Muster eignet, weil sie die Bewegung ist, mit der die Menschen am meisten vertraut sind.
„Während es weder Veränderungen noch Wachstum oder Geburt gleichförmig gibt, gibt es doch eine gleichförmige Umstellung. Deswegen wird die Zeit als

die Bewegung des Globus des Universums betrachtet, weil mit dieser Bewegung die anderen Bewegungen gezählt werden und damit auch die Zeit. Daraus stammt übrigens auch das, was die Leute sagen, dass nämlich die menschlichen Dinge zyklisch sind, und so ähnlich ist es für die Dinge, die natürliche Bewegung und Werden und Vergehen haben. Dieses (ist so) jetzt, weil all diese innerhalb der Zeit wohnen und Ende und (wieder) Anfang haben, genau als wenn diese Dinge zyklische Bewegung durchführten. Übrigens wird die Zeit selbst als eine Kreissorte angesehen; und das wiederum deshalb, weil die kreisförmige Bewegung das Maß ist und sie durch diese Bewegung gezählt wird. Also wenn man sagt, dass das Werdende Kreis ist, so ist das gleich mit diesem, dass die Zeit einigermaßen Kreis ist; und zwar weil damit die kreisförmige Bewegung gezählt wird. Außerhalb dessen (dass die Zeit das Maß der kreisförmigen Bewegung ist) gleicht nichts anderes dem zu zählenden, nur das mehrere Maße (Kreisbewegungen) das Ganze bilden". (Buch D 223 b, Z. 18-35)

Bemerkung

Die Zeit ist nach Aristoteles eher eine menschliche Erfindung, weil es das Bedürfnis gibt zu zählen. Mit anderen Worten, er versteht die Zeit als etwas Konventionelles. Aus einer anderen Sicht, zählen wir durch Kreisbewegungen (Umstellung – örtliche Bewegungen) und nicht durch Veränderungen oder Zunahme und Abnahme, weil die Menschen mit diesen Bewegungen vertraut sind. Das heißt aber nicht, dass die Umwandlungen zyklisch sind bzw. das Ende wird Anfang wieder ohne jeden Entwicklungsvorgang, wie Aristoteles es klar formuliert hat.
Es bleiben immer die zwei anderen Sorten der Bewegung (Veränderung, Werden und Vergehen), die dem Pfeil der Zeit eine Richtung geben, nämlich von Vergangenheit an zur Zukunft.
In der Physik der Neuzeit hat Newton die Zeit (wie auch den Raum) als etwas Absolutes, außerhalb der Dinge, betrachtet. Die Newtonschen Gesetze machen keinen Unterschied zwischen Vergangenheit und Zukunft.
In unserer Zeit verbindet die Theorie der Relativität zwar die Zeit mit der Bewegung, aber auch in dieser Theorie unterscheiden sich Vergangenheit und Zukunft nicht voneinander, d.h. eine Umkehrung in der Vergangenheit ist nicht auszuschließen.
Das Problem (das so offen in Widerspruch mit der irdischen Wirklichkeit steht) fand eine befriedigende Lösung durch die Thermodynamik, wo der Begriff der

Entropie als Maß der Unumkehrbarkeit der natürlichen Vorgänge eingeführt wurde.

Die Physik, vom Charakter her, untersucht nur die örtlichen Bewegungen (Umstellungen). In diesen Bewegungen ist selten ein Entwicklungsvorgang zu bemerken, und wenn es möglich ist, dann braucht man sehr große Zeitspannen, um diese klar zu machen.

Im Buch D 223a macht er die folgende Bemerkung über das, was schneller ist: „Ein Ding nenne ich schneller (als ein anderes), wenn in gleichförmiger Bewegung geradlinig oder kreisförmig es dieselbe Entfernung in weniger Zeit (als ein anderes) zurücklegt".

D.h. in moderner Formulierung, dass $U = 1/t$.

Er erklärt, was gleichförmige Bewegung ist:

„Gleichförmig ist die Bewegung, die dieselbe (stabile) Geschwindigkeit hat, und ungleichförmig diese, wo die Geschwindigkeit nicht stabil ist. (Buch E 228b, Z. 25-30)

Kraft (potentia) sei die Ursache, welche die verschiedenen Körper bewegt.

In „Metaphysik" (1019a, Z. 15-35) schreibt er über die Kraft: „Kraft wird das Prinzip der Bewegung oder Verwandlung genannt, die entweder in einem Ding, das sich vom Subjekt (das sich bewegt) unterscheidet, liegt oder in dem Subjekt selbst. Das Bauen z.B. ist eine Kraft, die nicht darin, dass gebaut wird, liegt, während die Medizin als Kraft liegt oder liegen könnte in dem, das geheilt wird bzw. wodurch ein Kranker geheilt werden kann, durch Medizin oder von sich selbst (ohne Medizin)."

Im Buch H 250a der „Physik" versucht Aristoteles die Größe der Kraft, die den Körper bewegt, Masse, die der Körper besitzt, Länge, die der Körper zurücklegt, und die Zeit der Bewegung in Verbindung zu bringen.

Seine Gedankengänge enden in der Formel (mit heutiger Terminologie):

$F = m * 1/t$ oder $F = m * U$.

D.h. dass die Kraft, die an einem Körper ausgeübt wird, die Geschwindigkeit des Körpers verursacht und nicht die Verwandlung der Geschwindigkeit (Beschleunigung).

Die Idee des Kontinuums ist von prinzipieller Bedeutung in dem aristotelischen Werk. Daher übernimmt Aristoteles nicht die Theorien der Materie von Demokrit und Platon.

Der erste hat die Atome (unteilbare Bausteine) als letzte Teilchen der Materie vorgeschlagen. Der zweite hatte die geometrischen (ohne Materie) Dreiecke konstruiert.

Wie schon gesehen, existiert das Letzte in der Natur nicht, weil so die Kontinuität des Seienden aufgegeben werden müsste.

In seinem Buch „Über Werden und Vergehen" (330a, 330b, 331a, 331b) macht er seien eigenen Vorschlag über die Materie, die sogenannte „qualitative Theorie der Materie". Er übernimmt von Empedokles die vier Grundelemente Feuer,

Luft, Wasser, Erde (Substanz) und fügt zwei Paare von Qualitäten hinzu: Die Gegensätzlichkeiten warm – kalt und trocken – feucht.
Durch Kombination der vier Elemente und der zwei Gegensätzlichkeiten erzeugt sich nach Aristoteles die Vielfältigkeit der natürlichen Erscheinungen. So sei z.B. das Feuer warm und trocken, die Luft sei warm und feucht, das Wasser kalt und feucht und die Erde kalt und trocken.
Aus der Sicht der modernen Physik könnte man enttäuscht sein über die vorgeschlagene Theorie des Aristoteles. So finden wir es bei S. Sambursky in seinem Buch „Das physikalische Weltbild der Griechen". In der Tat kommt Aristoteles nicht in die Nähe des Letzten (Mikro oder Mega) wie Demokrit und Platon. Aristoteles glaubte nicht, dass alles auf Quantität zurückzuführen sei. Mit seiner Theorie, wo er die qualitativen Gegensätzlichkeiten einführt, schützt er die Vielheit der Erscheinungen in der Natur, welche nicht nur quantitative sein können. Werner Heisenberg im Buch „Physik und Philosophie" spricht eine solche Forderung aus, wenn er sagt, dass die Sprache der heutigen Physik (besonders was eine präzise Bestimmung der physikalischen Größen betrifft) eine bestimmte Undeutlichkeit bewahren sollte.

Bemerkung

Das „dieses da", das konkrete, bestimmte, begrenzte Ding, welches in Bewegung oder Ruhe sein kann, ist der Anfang und die Ursache unseres Denkens und folglich der Wissenschaft. Unbegrenztes, Raum, Zeit sind Seiende, die nicht eigenständig existieren, sondern sich von der wahrnehmbaren Bewegung des Körpers ableiten.
Aristoteles schenkt den Sinneswahrnehmungen Glauben. Im Vergleich zu seinen Vorgängern könnte man sagen, dass Aristoteles die Wissenschaft auf die Erde brachte. Intuitive Verallgemeinerungen, wie wir es heute meinen und denen man oft bei den Vorsokratikern begegnet, sind sehr selten im aristotelischen naturwissenschaftlichen Werk zu finden. Ob er, besonders als Denker und weniger als Wissenschaftler, die Verwirklichung einiger fruchtbarer Ideen in der Zeit nach ihm hinderte, wie es S. Sambursky sagt, ist schwierig einzuschätzen.
Andererseits teilt S. Sambursky selbst die Einschätzung, dass wegen des fundamentalen Charakters des aristotelischen Werkes die stürmische Entwicklung der Wissenschaft und Technik ermöglicht wurde, die in den nächsten Jahrhunderten in Alexandria stattfand.
Tatsache ist, dass insbesondere Aristoteles der Denker jener Zeit ist, mit dem wir auch heute gut kommunizieren können.

Die epistemologischen Prinzipien von Aristoteles

In den ersten Büchern der „Physik", nämlich den Büchern A und B, stellt Aristoteles seine epistemologischen Prinzipien dar. Er kommt aber auch zu diesem Thema, Funktion und Prinzipien der Wissenschaften, in seiner „Metaphysik". Gewissermaßen sind die Themen der „Metaphysik" schon in den Büchern A und B der „Physik" berührt. Chronologisch kommt die „Metaphysik" später als die „Physik".
Aristoteles sucht Regeln allgemeiner Geltung zu formulieren, welche die Funktion der Wissenschaft betreffen. Wie der Name „Meta-Physik" oder „nach der Physik" oder „außerhalb des Rahmens der Physik" zeigt, sucht er diese ersten Prinzipien, die erste Ursache, außerhalb der konkreten Spielräume jeder einzelnen Wissenschaft. Aristoteles könnte ganz gut einverstanden sein mit der Feststellung Heisenbergs, dass die Physik als Wissenschaft nur ein Bereich der menschlichen Tätigkeiten sein kann.
Wir fangen von der „Physik" Buch A an:
„Physik", 184 I: „Da Wissen und Verstehen bei allen Sachgebieten, in denen es Grund-Sätze oder Ursachen oder Grundbausteine gibt, daraus entsteht, dass man eben diese kennen lernt – denn wir sind überzeugt, dann einen jeden Gegenstand zu erkennen, wenn wir seine ersten Ursachen zur Kenntnis gebracht haben und seine ersten Anfänge und (seinen Bestand) bis hin zu den Grundbausteinen –, deshalb ist klar: Auch bei der Wissenschaft von der Natur muss der Versuch gemacht werden, zunächst über die Grundsätze Bestimmungen zu treffen. Es ergibt sich damit der Weg von dem uns Bekannteren und Klareren zu dem in Wirklichkeit Klareren und Bekannteren. – Denn was uns bekannter ist und was an sich ist, ist nicht dasselbe. – Deshalb muss also auf diese Weise vorgegangen werden: Von dem der Natur nach Undeutlicheren uns aber Klareren hin zu dem, was der Natur nach klarer und bekannter ist. Uns ist aber zu allererst klar und durchsichtig das mehr Vermengte. Später erst werden aus diesem bekannt die Grundbausteine und die Grund-Sätze, wenn man es auseinandernimmt. Deswegen muss der Weg von den Ganzheiten zu den Einzelheiten führen. Denn nach der Sinneswahrnehmung ist immer das Ganze bekannter, Ganzheit bedeutet aber doch so ein Ganzes; denn die allgemeine Ganzheit umfasst viele Einzelmomente als ihre Teile. – Ganz ähnlich geht es ja doch auch den Wörtern im Vergleich zur Begriffserklärung: Sie sagen unbestimmt ein Ganzes aus, z.B. „Kreis", die Bestimmung des Kreises nimmt ihn dann in seine einzelnen Bestandsstücke auseinander. So machen es ja auch die Kinder: Anfangs reden sie jeden Mann mit „Vater" an und mit „Mutter" jede Frau, später unterscheiden sie hier ein jedes genauer."
Aristoteles drückt hierbei klar die gewöhnliche Annahme des antiken Denkens aus, dass nämlich die allgemeinen Prinzipien vorangehen und dann die Forschung zu den individuellen Dingen kommt oder, wie es S. Sambursky anmerkt,

die Deduktionsdenkweise die dominierende Denkweise war, während die Wissenschaft der Neuzeit den entgegengesetzten Weg der vorsichtigen Verallgemeinerungen (Induktion) geht.
Trotzdem könnte man als Ausbildungsweise oder als Erlernensweise die Andeutungen des Aristoteles teilen. Wenn es auch schlecht ist, die Deduktion als einzige Erkenntnisweise anzunehmen, so ist vielleicht der Weg der Induktion als didaktische Methode unfruchtbar. Wir meinen hier die Tendenz unter zeitgenössischen Ausbildungssystemen, welche eine rasche „wissenschaftliche" Übertragung von Kenntnissen befürworten, die aber oft unverständlich für das Kind sind und lästig für sein gesundes Wachstum werden.
Wir erinnern uns daran, dass Platon in seinem Ausbildungssystem ähnliche und detaillierte didaktische Prinzipien wie Aristoteles äußert, besonders was die primäre (bis zum 14. Jahr) und die sekundäre Stufe (bis zum 18. Jahr) betrifft.
Als nächstes („Physik", Buch A, Absatz 2) fragt sich Aristoteles wie viele erste Prinzipien es gibt, ob nur eins oder mehrere und ob das Prinzip etwas Bewegliches ist (Luft, Wasser, usw., wie die Vorsokratiker aus Ionien) oder etwas Unbewegliches (das Eins von Parmenides); wenn auch die Prinzipien ungezählte seien (Demokrits Atome).
Buch A, 184b 28 – 185a,5:
"Die Untersuchung, ob das Seiende eines und unwandelbar ist, ist keine Untersuchung im Bereich der Naturforschung. Wie auch der Geometer demjenigen keine Erklärungen mehr geben kann, der seine Grund-Sätze aufhebt, sondern dies entweder Sache einer anderen Wissenschaft ist oder einer Allgemeinwissenschaft, nicht anders verhält es sich bei der Frage nach den Anfängen: Es gibt nämlich gar keinen Anfang mehr, wenn nur eins und in diesem Sinne eines ist. Denn „Anfang" ist immer Anfang „von etwas", einem oder mehrerem".
Parmenides hatte das Universum als eins, Unbewegliches, Unveränderliches betrachtet. Dieses Eine sei nur durch die Logik erfassbar, während die Vielfältigkeit der Erscheinungen eine Illusion sei. So hatte er jede Forschung über die Natur im voraus ausgeschlossen.
In Absatz 4 des gleichen Buches A diskutiert Aristoteles die Ansichten der von ihm genannten Physiker. Besonders ist er mit den Ansichten von Anaxagoras beschäftigt, welcher die Theorie der gleichteiligen Ansammlungen dargestellt hatte. Nach Anaxagoras waren die gleichteiligen Partikel endlos. Aristoteles, wie wir schon im ersten Teil der vorliegenden Arbeit gesehen haben, hatte seine eigene Auffassung über die Existenz des Unbegrenzten (nicht tatsächlich, nur potentiell).
Aber auch aus gnoseologischen Gründen nimmt er nicht die Auffassung des Anaxagoras an.
Buch A, 187b, Z. 7-14:
„Wenn nun also das Unendliche, insofern es unendlich ist, unerkennbar ist, so ist das hinsichtlich Menge oder Größe Unbegrenzte ein unerkennbares So-und-

so-viel, das hinsichtlich der Form Unbestimmte ist ein unerkennbares So-und-so-beschaffen. Wären nun die Anfangsgründe unendlich, sei es der Menge, sei es der Art nach, so wäre es unmöglich, über das, was sich aus ihnen ergibt, ein Wissen zu gewinnen. Denn wir nehmen doch an, über ein Zusammengesetztes dann ein Wissen zu haben, wenn wir wissen, aus welchen und wie vielen Bestandteilen es besteht".
Und noch weiter fügt Aristoteles gegen Anaxagoras unbegrenzte gleichteilige Partikel hinzu:
„Die Behauptung, dass die Entmischung nicht bis zum Ende durchgehe, ist zwar ohne Einsicht ausgesprochen, sagt dennoch Richtiges; Zustände sind nämlich nicht abtrennbar. Wenn nun Farben und Beschaffenheiten sich in Mischung befinden, und wenn die dann entmischt werden, so wird es etwas Weißes und etwas Gesundes geben, das nicht ein unterschiedenes Etwas ist, aber auch nicht nur an einem Gegenstand vorkommt. So benimmt sich dieser (Welt-)Geist sonderbar: Er versucht sich an Unmöglichem, wenn er nämlich die Entmischung zwar will, diese aber unmöglich durchzuführen ist, sowohl nach Seite des So-und-so-viel wie nach der von So-und-so-beschaffen; und zwar der Vielheit nach nicht, weil es keine kleinste Größe gibt, der Eigenschaft nach nicht, weil die Zustände nicht für sich sein können. – Nicht richtig ist es auch, wie er die Entstehung der gleichartigen Stoffe annimmt. Es gibt zwar so eine Art der Zerteilung wie Dreck zu Dreck, es gibt aber auch eine ganz andere; und es ist durchaus nicht die gleiche Art und weise, wie Ziegelsteine aus einem Haus entnommen werden könnten oder ein Haus aus Ziegeln gebaut ist, und so auch Wasser und Luft auseinander bestünden und entstünden. Besser ist es, weniger und eine begrenzte Anzahl von Grundstoffen anzunehmen wie es Empedokles tut". (Buch A, 188a, Z. 5-18)
Aristoteles wiederholt oft in seinem Werk seine Meinung über das Nicht-Mögliche, einer Absonderung von Qualitäten und Quantitäten eines Dinges. Diese Position hängt mit seiner prinzipiellen Auffassung über die Kontinuität (nicht Teilung, nicht Atome) zusammen. Man kann bemerken, dass diese Auffassung des Kontinuums, wie auch aus den oben erwähnten Stellen hervorgeht, einen strengen Charakter hat oder einen „statischen" Charakter, wie es S. Sambursky bezeichnet, welches das Eingreifen des Menschen in die natürlichen Vorgänge (Technik) nicht befürwortet.
Die Gegensätzlichkeiten in der Natur waren schon vor der Zeit der Vorsokratiker bekannt und auch als erste Prinzipien der Bewegung der Materie anerkannt. Platon folgte dem Weg der Vorsokratiker, indem er die Gegensätzlichkeit groß – klein hinzufügte. Aristoteles nimmt auch das Prinzip der Gegensätzlichkeiten an, wie aus dem Absatz 5 des Buches A der „Physik" ersichtlich wird. Er teilt aber nicht die Auffassung von den zwei Polen der Gegensätzlichkeit (z.B. kalt – warm, Verdünnung – Verdichtung), sondern stellt inmitten der zwei Pole das Subjekt, das Ding, das „dieses da", wo die Gegensätzlichkeiten wirken und das

Ding gestalten. So führt er das Paar formlose – geformte Materie ein. Nach ihm tritt die Materie immer als geformtes Subjekt auf.
So nennt er die drei Prinzipien, nämlich die zwei Pole der Gegensätzlichkeiten plus das Subjekt, welches immer nach der Form strebe. Buch A, Absätze 6-8:
„Auf gewisse Weise sind die Prinzipien nicht mehr als die Gegensätze, sondern – zahlenmäßig bestimmt – zwei; sie sind aber auch wieder nicht durchaus nur zwei – wegen der Tatsache, dass ihnen das ‚sein' auf verschiedene Weise zukommt -, sondern drei; denn verschieden voneinander ist ‚Mensch-sein' und ‚ungebildet sein', und ‚ungeformt-sein' und ‚Erz-sein'". (Buch A, 191a, Z. 13-17)
Man bemerkt hier über die Wissenschaft der Neuzeit, das sie die Form der Materie außer acht ließ, d.h., dass eine gezwungene Spaltung von Form und Materie oder eine Art Unpersonifikation der Materie durchgesetzt wurde, was zwar für Jahrhunderte eine große Gruppierung der natürlichen Vorgänge wie nie zuvor bedingte, aber schlimme Konsequenzen für die Versuche eines breiteren Erkenntnisses der Materie hatte.
Werner Heisenberg merkt in seinem Buch „Physik und Philosophie" im Kapitel IX „Die Theorie der Quanta und die Struktur der Materie" an:
„Alle fundamentalischen Partikel sind aus dem gleichen Stoff geschaffen, den wir nun Energie oder universale Materie nennen können. Es sind nur unterschiedliche Formen, durch welche die Materie auftreten kann. Wenn man diese Stellung mit den Begriffen Materie und Form bei Aristoteles vergleicht, dann kann man sagen, dass die Materie bei Aristoteles, welche in der Tat ‚in potentia' war, nämlich Möglichkeit, mit unserem Begriff der Energie verglichen werden kann; die Energie tritt als geformte materielle Wirklichkeit auf, wenn man sich ein fundamentalistisches Partikel erzeugt".
Aristoteles fährt in der Untersuchung der ersten fundamentalischen Prinzipien weiter.
Aus „Physik" Buch B, 194 b, Z. 25-35:
„Auf eine Weise wird also Ursache genannt das, woraus als schon Vorhandenem etwas entsteht, z.B. das Erz Ursache des Standbilds, das Silber der Schale, und die Gattungen dieser Begriffe (sind es auch).
Auf eine andere aber die Form und das Modell, d.i. die vernünftige Erklärung des ‚was es wirklich ist', und die Gattungen davon – z.B. beim Oktavklang das Verhältnis 2 zu 1, und überhaupt der Zahlbegriff – und die Bestimmungsstücke, die in der Erklärung vorkommen, auch.
Des weiteren: Woher der anfängliche Anstoß zu Wandel oder Beharrung kommt; z.B. ist der Ratgeber Verursacher von etwas, und der Vater Verursacher des Kindes, und allgemein das Bewirkende (Ursache) dessen, was bewirkt wird, und das Verändernde dessen, was sich ändert.
Schließlich: Als das Ziel, d.i. das Weswegen; z.B. (Ziel) des Spazierengehens (ist) die Gesundheit. – ‚Weshalb geht er doch spazieren?' – Wir antworten;

‚Damit er sich wohlbefindet'. Und indem wir so sprechen, meinen wir, den Grund angegeben zu haben".
Bis zu diesem Punkt versucht Aristoteles dieses, was immer oder oft sich offenbart, zu erklären. So ähnlich macht es die Wissenschaft, wie er später sagt, weil die Wissenschaft mit diesem, was immer oder oft sich präsentiere, beschäftigt sei.
Die oben genannten Prinzipien betreffend, merkt S. Sambursky an, dass diese als teleologische der weiteren Entwicklung der Botanik und Zoologie zu Gute kamen, nicht aber der Entwicklung der Physik, welche diese Prinzipien eher verhinderten.
Zufälliges oder Glück und Automatismus sind auch nach Aristoteles Faktoren, die das Werden der natürlichen wie auch der menschlichen Dinge mitgestalten.
Aus „Physik" Buch B, 4-196 a, Z. 10:
„Es werden aber auch die (undurchschaubare) Schicksalsfügung und der Zufall zu den Ursachen gezählt, und von vielem sagt man, es sei oder ergebe sich ‚aus Schicksal' oder ‚aus Zufall'. Auf welche Weise sich nun Schicksalsfügung und Zufall unter diesen Ursachen finden, ob Schicksal und Zufall dasselbe sind oder verschieden voneinander und überhaupt, was denn Schicksalsfügung und Zufall eigentlich ist; das ist zu untersuchen. Es gibt ja auch Leute, die die Frage stellen, ob es so etwas überhaupt gibt oder nicht. Sie sagen, es geschehe ja gar nichts infolge von Fügung, sondern von allem gebe es eine genau bestimmte Ursache, wovon man nur so sagt, es geschehe zufällig oder aus Schicksal; z.B. bei einem Gang auf den Marktplatz, bei dem es sich dann so fügt, dass man jemanden trifft, den man schon immer treffen wollte, den man aber hier nicht vermutete; hier sei die Ursache der Vorsatz, auf dem Markt einzukaufen, als man losging. In gleicher Weise sei auch bei allem anderen, was man so ‚zufällig gefügt' nenne, immer eine bestimmte Ursache zu greifen, nur nicht die Fügung...".
Die Aussagen, die Aristoteles zu Beginn des zu diskutierenden Themas macht, erinnert an die Diskussion, die in unserer Zeit zwischen der Schule von Kopenhagen und ihrer Gegner stattgefunden hatte.
Aus „Physik" Buch B, Absatz 5:
„Erstens nun also: Da wir sehen, dass einiges immer genau so eintritt, anderes in den meisten Fällen so, so ist es klar, dass in keinem dieser beiden Fälle als Ursache die Fügung oder das ‚aus Fügung' ausgesagt wird, weder in dem Fall ‚aus Notwendigkeit und immer' noch in dem Fall ‚in der Regel so'. Da es nun aber auch Ereignisse gibt, die dem zuwider verlaufen, und alle von solchen sagen, es sei ‚auf Grund von Fügung', so ist es klar, dass Schicksalsfügung und Zufall wirklich etwas sind. Dass nämlich derartige Ereignisse auf Grund von Fügung und dass Ereignisse auf Grund von Fügung derartig sind, wissen wir. Unter dem, was geschieht, erfolgen die einen (Ereignisse) wegen irgendetwas, die anderen nicht – von den ersteren erfolgen die einen gemäß vorsätzlicher Absicht, die anderen nicht nach solcher Absicht, beide befinden sich aber unter den Ereignissen

wegen etwas-; es ist also klar, dass auch unter den Ereignissen entgegen der Notwendigkeit und der Regel sich einige befinden können, bei denen das ‚wegen etwas' wenigstens vorliegen kann. ‚Wegen etwas' ist alles das, was sowohl durch planende Vernunft hervorgebracht sein könnte oder auch durch Naturanlage".
Im folgenden gibt Aristoteles das Beispiel eines Maurers, der ein Gebäude baut (notwendige Ursache des Bauens ist genau der Maurer als solcher), welcher aber schwarz- oder weißfarbig sein kann, Musiker oder Nicht-Musiker usw., d.h. zahllose Qualitäten, die nicht notwendigerweise bestimmt sein müssen.
Aus „Physik" Buch B, 197a, Z. 8-15:
„Unbestimmbar müssen also die Ursachen dessen sein, was infolge von Fügung geschehen mag. Daher scheint auch der Schicksalsbegriff selbst in den Bereich des Unbestimmbaren zu gehören und dem Menschen unerklärlich zu sein; und es gibt Gründe für die Vermutung, dass nichts aus Fügung geschehen könne. Alles dies sind ja richtige Aussagen, aus plausiblem Grund: Es gibt ja wirklich Ereignisse infolge von Fügung; denn sie treten als Nebenwirkungen auf, und eine als Nebenwirkung auftretende Ursache ist ja die Fügung. Nur im eigentlichen Sinn ist sie Ursache von nichts. Z.B. eines Hauses Urheber ist ein Baumeister, im nebenbei eintretenden Sinn kann es aber auch ein Flötenspieler sein..."
Aristoteles erklärt weiter, dass die Ursache „Fügung" oder „Glück" oder „Zufälligkeit" mit dem Faktor der freiwilligen oder vorherigen Bestimmung verbunden ist.
In der Neuzeit folgte die Wissenschaft der Physik in erster Linie dem Weg einer einseitigen Kausalität. Für Jahrhunderte gab es keine Erwähnung des Faktors des Glücks oder der Zufälligkeit als Faktoren, welche in den natürlichen Vorgängen mitwirken und diese folglich mitgestalten. Auch wurden nur mechanistische Ursachen in der Reihe Ursache-Wirkung anerkannt. Die von Aristoteles vorgeschlagene Vielheit der ersten Prinzipien (wenn auch teleologische) wie auch die Vielheit der Bewegungen,, wie wir schon im ersten Teil der Arbeit gesehen haben, fanden nicht eine angemessene Stellung als zusätzliche Erklärungsweise der natürlichen Phänomene. Nur in unserem Jahrhundert beginnend mit der Schule von Kopenhagen öffnete sich der Weg einer vielseitigen Annäherung der natürlichen Vorgänge.
In der Nachkriegszeit vervielfachte sich die Zahl der Publikationen, welche das Zufällige als substantielles Element der Erscheinungen annehmen und, nicht nur in der Physik, sondern in anderen wissenschaftlichen Richtungen auch, die strenge Kausalität der natürlichen Gesetze nicht akzeptieren.
Hierbei werden drei Beispiele von zeitgenössischen Autoren gegeben: Das erste von dem Biologen Jacques Monod. Er äußert sich wie folgt über die Veränderungen des genetischen Codes, welche zu neuen biologischen Formen führen:

„Wir sagen, diese Änderungen seien akzidentiell, sie fänden zufällig statt. Und da sie die einzige mögliche Ursache von Änderungen des genetischen Textes darstellen, der seinerseits der einzige Verwahrer der Erbstrukturen des Organismus ist, so folgt daraus mit Notwendigkeit, dass einzig und allein der Zufall jeglicher Neuerung, jeglicher Schöpfung in der belebten Natur zugrunde liegt. Der reine Zufall nichts als der Zufall, die absolute, blinde Freiheit als Grundlage des wunderbaren Gebäudes der Evolution – diese zentrale Erkenntnis der modernen Biologie ist heute nicht mehr nur eine unter anderen möglichen oder wenigstens denkbaren Hypothesen; sie ist die einzig vorstellbare, da sie allein sich mit den Beobachtungs- und Erfahrungstatsachen deckt. Und die Annahme (oder die Hoffnung), dass wir unsere Vorstellungen in diesem Punkt revidieren müssten oder auch nur könnten, ist durch nichts gerechtfertigt."[10]

Der zweite, der Physiker Ilya Prigogine, schreibt in seinem Buch „La Fin des Certitudes" im Kapitel 7 „Unsere Diskussion mit der Natur":
„Im Kapitel 1 haben wir das Dilemma Epikurs erwähnt, das er dem Determinismus entgegensetzte, welchen die Physiker seiner Epoche (Stoiker) unterstützen. Heute ist die Lage verändert worden. In allen Ebenen bestätigen die Physik und die anderen Wissenschaften nun die menschliche Erfahrung der Zeitlichkeit: Wir leben in einem sich entwickelnden All."
Zu diesem Buch ist zu sagen, dass gerade die letzte Festung, welche diese Wirklichkeit bekämpfte, gefallen ist. Wir sind nun in der Lage, die Botschaft der Entwicklung zu entziffern, die mit dem deterministischen Chaos und der Nicht-Integralität verbunden ist. Das hauptsächliche Ergebnis unserer Forschung ist überwiegend die Kenntnis von Systemen, welche die Äquivalenz zwischen einer individuellen Beschreibung (Umlaufbahnen, Wellenfunktion) und der statischen Beschreibung durch Sammlungen aufgeben. Die Gesetze der Natur bekommen also eine neue Bedeutung: sie handeln nicht mehr Bestimmtheiten sondern Möglichkeiten ab. Sie bestätigen nun nicht nur das Sein, sondern auch das Werden. Sie beschreiben eine Welt irregulärer, chaotischer Bewegungen, welche der Welt der antiken Atomisten näher kommt als der Welt der Newtonschen Umlaufbahnen. Diese Unordnung ist genau das hauptsächliche Kennzeichen der Systeme, in welchen die Entwicklungsbeschreibung Anwendung findet, welche (Unordnung) das zweite Gesetz der Thermodynamik durch Erhöhung der Entropie ausdrückt.
Nach Prigogine nämlich (was sich auch aus anderen Stellen des Buches herleitet) bleibt die Objektivität unserer Welt immer bestehen. Aber diese Objektivität ist nun mehr probabilistisch. Wir leben in einer objektivisch probabilistischen

---

[10] Monod, Jacques: „Zufall und Notwendigkeit. Philosophische Fragen der modernen Biologie", Kapitel „Invarianz und Störungen", S. 141 ff.

Welt. So, wie er an einer anderen Stelle sagt, schafft es die Forderung Einsteins über eine objektivische Beschreibung der Natur wie auch die Forderung Bohrs, die bemerkten Möglichkeiten in der Entwicklung der Phänomene zu beachten, zu überbrücken. Noch mehr, sagt er, versucht es, und dies ist vielleicht nach unserer Meinung das wichtigste, das Verlangen des Philosophen Karl Popper zu befriedigen, nämlich die wissenschaftlichen Ergebnisse mit der alltäglichen Logik in Einklang zu bringen.

Der dritte, der Physiker David Bohm, treibt seine Gedankengänge noch weiter. Dies ergibt sich aus dem Buch „Causality and chance in modern physics" im Kapitel V „Allgemeine Bedeutung des physikalischen Gesetzes", wo er schreibt: „Wenn wir die Idee der zahllosen Qualitäten in der Natur annehmen, haben nicht nur wir nichts zu verlieren, sondern im Gegenteil haben wir eventuell vieles zu gewinnen.

Als erstes werden wir die wissenschaftliche Forschung von überflüssigen Festlegungen befreien, welche aus der Annahme hervorgehen können (und in der Wirklichkeit sehr oft hervorgehen), dass es eine konkrete Gesamtmenge von allgemeinen Eigenschaften, Qualitäten und Gesetzen geben muss, welche (Menge) für alle möglichen Rahmen und Zustände und mit allen möglichen Annäherungsgraden geeignet sein muss. Als zweites fügen wir uns in eine allgemeine Idee über die Natur der Dinge, die ganz gut mit den gründlichsten und substantiellsten Kennzeichen der wissenschaftlichen Methode übereinstimmt, nämlich der Forderung für andauernde Untersuchung, Kritik und Kontrolle jedes Merkmals, jeder beliebigen Theorie, unabhängig davon, dass diese Theorie fundamental zu sein scheint. Diese Auffassung erklärt, warum man die wissenschaftliche Forschung auf gerade diese Weise durchführen muss und auf keine andere, sofern, wenn die Qualitäten in der Natur ohne Ende sind, das Bedürfnis, alle Merkmale aller Gesetze zu untersuchen und zu kontrollieren, auch ohne Ende sein wird..."

David Bohm übertrifft in diesem Absatz alle anderen (Aristoteles eingeschlossen), sofern der letztere (wie auch Werner Heisenberg) eher an das Prinzip von begrenzten zugrundeliegenden Prinzipien glaubte.

In seiner „Metaphysik" ergänzt Aristoteles seine Argumentation über die schon in den Büchern A und B der „Physik" von ihm aufgestellten Prinzipien. Über diese Prinzipien kann festgestellt werden, dass sie sinnlich sind und die Wirklichkeit, welche vor dem Menschen steht, als erfassbar ansehen.

Besonders beschäftigt sich Aristoteles in der „Metaphysik" mit zwei philosophischen Richtungen vor ihm: denen der Pythagoreer und der Platoniker.

Die Ersten, wie Aristoteles im Buch A Absatz 8 ihre Auffassungen angibt, hatten die Zahl als Anfang und gründliches Prinzip des Alls angesehen. Die Wirklichkeit existiert nach ihnen schon wie auch das zahllose Seiende, hinter ihnen aber und in ihnen ist eine Zahl versteckt, welche die wirkliche letzte Substanz des Seienden ist.

Im gleichen Buch K der „Metaphysik" Absatz 9 präsentiert Aristoteles die Platonische „Theorie der Ideen", welche in groben Zügen eine Umgestaltung der Theorie der Zahlen der Pythagoreer ist. Mit anderen Worten, statt der Zahl als Substanz des Seienden der Pythagoreer, setzt Platon als erstes Prinzip die Ideen, welche ewige sind und der Natur vorangehen. Jedes Dasein ist ein Abbild einer ewigen Idee und strebt nach ihr. Die Wirklichkeit existiert nach ihm zwar, ist aber verdorben, und nur die ewigen Ideen existieren.
Aristoteles hatte beide Theorien abgelehnt. Im folgenden werden wir als erstes die Kritik gegen die Platoniker betrachten und dann die Kritik gegen die Pythagoreer.
Aus „Metaphysik" Buch B, 997 b, Z.2 – 997 b, Z. 25:
„Bei den vielen Schwierigkeiten, zu welchen die Ideenlehre führt, tritt dies besonders als unstatthaft hervor, dass man zwar gewisse Naturen annimmt neben denen im Weltall, diese aber den sinnlich wahrnehmbaren gleichmacht, mit dem einzigen Unterschied, dass die einen ewig seien, die andern vergänglich. Denn sie reden von einem Menschen-an-sich, Pferde-an-sich, Gesundheit-an-sich und fügen eben nichts weiter als dies an-sich hinzu, ganz so wie diejenigen, welche zwar Götter annehmen, aber von Menschengestalt; denn jene setzen in den Ideen nichts anderes als ewige sinnlich wahrnehmbare Dinge. Will man ferner neben den Ideen und den sinnlich wahrnehmbaren Dingen das Dazwischenliegende setzen, so wird man in viele Schwierigkeiten geraten. Denn offenbar muss es dann in gleicher Weise Linien geben neben den Ideallinien und den sinnlichen und in gleicher Weise bei jeder anderen Gattung. Da nun die Astronomie eine dieser Wissenschaften ist, so muss es einen Himmel geben neben dem sinnlichen Himmel und eine Sonne und einen Mond und ebenso für die übrigen Himmelskörper. Wie soll man aber solchen Folgerungen Glauben schenken? Denn als unbeweglich könnte man diesen Himmel nicht sinnvoll annehmen, als bewegt ihn aber anzusehen ist ganz unmöglich. Das gleiche gilt von den Gegenständen, mit denen sich die Optik und die mathematische Harmonik beschäftigt; auch diese nämlich können aus denselben Gründen unmöglich neben den sinnlichen Dingen existieren. Denn wenn sinnlich Wahrnehmbares und sinnliche Wahrnehmungen dazwischen liegen, so müssten ja offenbar auch zwischen den Ideen und den vergänglichen Lebewesen existieren".
Also verwirft Aristoteles die Existenz der ewigen Ideen oder ewigen Gattungen, wo die „verdorbene" Wirklichkeit bloß deren Widerspiegelung war. Zugleich verwirft er auch die Erfindung der zwischenliegenden Seienden, welche nach dieser Theorie den Vermittler zwischen irdischen und himmlischen Dingen darstellen sollten. Wie diese Theorie in der Akademie von Platon entstand, ist eine Frage auf die Aristoteles Antwort zu geben versucht.
Aus „Metaphysik" Buch M, 1086a, 35 – 1086b, 13:
"Der Grund, weshalb diejenigen, welche das Allgemeine als die Ideen setzten, diese beiden entgegengesetzten Bestimmungen in Eines verknüpften, liegt darin,

dass sie dieselben als nicht einerlei mit den sinnlichen Dingen annahmen. Das einzige nämlich in den sinnlichen Dingen, meinte sie, fließe und nichts davon beharre, das Allgemeine bestehe außer diesen als etwas davon Verschiedenes. Hierzu gab allerdings, wie wir früher erwähnten, So-krates durch seine Begriffsbestimmungen die Anregung, nur trennte er diese nicht von dem Einzelnen, und darin dachte er ganz richtig, dass er nicht trennte. Das zeigt sich auch in den Folgen. Ohne Allgemeines nämlich ist es unmöglich, Wissenschaft zu erlangen, die Trennung aber der Ideen von dem Einzelnen ist die Ursache der Schwierigkeiten, in welche sich die Ideenlehre verwickelt. Ihre Anhänger nun, welche für notwendig hielten, dass, wenn es Wesen außer den sinnlichen und fließenden geben solle, diese abtrennbar seien, hatten keine anderen anzugeben, sondern die allgemein ausgesagten Wesen stellten sie als selbständige Wesen heraus, woraus sich dann ergibt, dass die allgemeinen und die einzelnen Wesen so ziemlich dieselben sind."

Aristoteles kommt immer wieder auf das Problem oder das Dilemma des Ganzen oder Gemeinsamen (Wissenschaft) und die Wirklichkeit der individuellen Dinge zurück, welche die einzige erfahrene Wirklichkeit der Welt ist. An verschiedenen Stellen seines Werkes trifft man Bemerkungen über dieses prinzipielle Problem für die Existenz der Wissenschaft jeder Epoche.

Aus „Metaphysik" Buch B, Absatz 4 – 999b, Z. 3:

„Hieran schließt sich als nächste die schwierigste und am notwendigsten zu erörternde Frage an, bei der die Erörterung jetzt steht. Wenn es nämlich nichts gibt neben den einzelnen Dingen, die einzelnen Dinge aber unendlich viele sind, wie ist es dann möglich, von den unendlich vielen Dingen Wissenschaft zu erlangen? Denn nur insofern erkennen wir alles, als es etwas Eines und Identisches gibt und ein Allgemeines vorliegt. Wenn aber dies notwendig ist und es also etwas neben den einzelnen Dingen geben muss, so müssen notwendig die Gattungen neben den Einzeldingen existieren, und zwar entweder die nächsten oder die höchsten Gattungen;...

...Angenommen nun, es gäbe nichts neben den einzelnen Dingen, so würde nichts erkennbar, sondern alles nur sinnlich wahrnehmbar sein und es von nichts Wissenschaft geben, man müsste dann etwa die sinnliche Wahrnehmung für Wissenschaft erklären."

Aus dem obigen Abschnitt könnte man folgern, dass Aristoteles nicht besonders festgelegt ist auf eine Anwendung der allgemeinen Prinzipien, wie es S. Sambursky behaupten kann, aber sich vorsichtig in Verallgemeinerungen zeigt, indem er als erste Wirklichkeit die Wirklichkeit der individuellen sinnlich wahrnehmbaren Dinge anerkennt. Die Verallgemeinerung sei eine künstliche Konstruktion, die der Wirklichkeit nicht entspricht, das war die Meinung von Aristoteles über die Platonische Theorie der Ideen. Von ähnlichen Überlegungen ausgehend, tritt er der Theorie der Zahlen der Pythagoreer entgegen.

Aus „Metaphysik" Buch N, 1093a, Z 1-17:

„Wenn aber notwendig alles an der Zahl teilhaben muss, so muss sich auch notwendig ergeben, dass vieles identisch und die Zahl dieselbe ist für dies und für ein anderes. Ist nun also dies die Ursache und ist dadurch die Sache, oder zeigt sich das nicht? Z.B. gibt es eine Zahl der Sonnenkreise und wieder eine der Mondkreise und so eine Zahl des Lebens und des Alters eines jeden Lebenswesens. Was hindert nun, dass einige dieser Zahlen Quadratzahlen sind, andere Kubikzahlen, und teils gleich, teils das Doppelte?...Aber inwiefern ist dies Ursache? Sieben sind der Vokale, sieben Saiten bilden die Harmonien, sieben Pleiaden gibt es, mit sieben Jahren wechseln die Lebewesen ihre Zähne (einige nämlich, andere aber nicht), sieben sind der Kämpfer gegen Theben. Ist nun also diese bestimmte Beschaffenheit der Zahl die Ursache davon, dass jener Kämpfer sieben wurden, oder dass die Pleiaden aus sieben Sternen bestehen? Oder rührt nicht vielmehr jene Zahl von der Zahl der Tore (Thebens) oder von irgendeiner anderen Ursache her?"

Aristoteles nämlich teilt nicht die Einstellung der Pythagoreer, dass die Zahl erstes Prinzip des Universums ist. Es sei hierbei daran erinnert, dass auch Platon die Zahl als eine Schöpfung des Menschen betrachtete.

An einer anderen Stelle der „Metaphysik" drückt Aristoteles die folgende Meinung über die gegenseitigen Verhältnisse von Mathematik und Naturwissenschaften aus:

„Die genaue Schärfe der Mathematik aber darf man nicht für alle Gegen-stände fordern, sondern nur für die stofflosen. Darum passt diese Weise nicht für die Wissenschaft der Natur, denn alle Natur ist wohl mit Stoff verbunden."
(„Metaphysik", Buch A, 995a, Z. 15-20)

Bemerkungen

Das aristotelische Werk ist ein Knotenpunkt in der Geschichte der griechischen Philosophie und Wissenschaft. Einerseits klärte er durch die oft scholastische Kritik, welche er am Werk der Denker vor ihm übte, verschiedene Aspekte ihrer Theorien, die früher nur auf eine intuitive, dubiose Weise ausgedrückt waren. Andererseits hatte er durch seine persönliche Forschung das Wechselspiel des Menschen mit der Natur weit ausgebreitet. Er war zweifellos der reichste der Denker vor ihm aber auch nach ihm in der Vielfältigkeit der vorgeschlagenen Erklärungsweisen.

Aristoteles machte den Weg der Wissenschaft von vielen Hindernissen frei. Seine pragmatischen, fest mit der irdischen Wirklichkeit verbundenen Ansichten beendeten in gewisser Weise die allgemeine Diskussion über die natürlichen

Phänomene, die in der Zeit vor ihm stattgefunden hatte. Das, wie auch die Tradition, die er dem Lyzeum übergab (Theophrast, Straton), waren wichtige Faktoren für die spätere Entwicklung der Technik, welche sich nun mehr in organisierter Weise in Alexandria entfaltete.
Aber während sich die Technik an der afrikanischen Küste des Mittelmeers stürmisch entwickelte, tauchten im kontinentalen Griechenland zwei neue Schulen in dem philosophischen Geist der alten Tradition auf: die Epikureer und die Stoiker.

Anmerkungen

Das Korpus der Autoren der antiken Zeit ist unter international angenommener Paginierung angeordnet. Dieses Korpus enthält nicht die Vorsokratiker, welche ein getrenntes Korpus bilden („Fragmente der Vorsokratiker").
Jeder der anderen Autoren hat seine eigene Aufzählung.
Aristoteles ist nach E. Bekker angeordnet, der die erste deutsche Ausgabe von der Akademie in Berlin im Jahr 1831 pflegte. So jede 35 Zeilen, welche aufgezählt sind (5, 10, 15, 20, 25, 30) wechselt ein a ins b (wieder 35 Zeilen). Jede 70 Zeilen wechselt die Zahl der Aufzählung, z.B. 77 in 78.
Diese Aufzählung ist unabhängig von den Paragraphen, die der Autor selbst (in unserem Fall Aristoteles) in seinem Buch zeichnete. So wenn in dem Text geschrieben ist z.B. 997 a Z. 3 – 998 b Z. 2, ist die Nummer 997 der internationalen Paginierung gemeint (in allen Büchern enthalten), mit a sind die ersten 35 Zeilen gemeint (auch in allen Büchern gezeichnet), mit Z. 3 ist die Zeile 3 gemeint.
Wenn aber, z.B. 30.4 geschrieben ist, ist die Zahl 30 der internationalen Paginierung und 4 ist der Paragraph, den der Autor selbst (Aristoteles) vermerkt hatte.
Platon und Diogenes Laertius sind im wesentlichen mit kleinen Unterschieden so aufgezählt. Alle Herausgeber des Korpus der antiken Autoren folgen der obigen Paginierung.

Bibliographie

Aristoteles: „Physik", Bücher A, B, C, D, Kaktos Verlag, Athen 1997
Aristoteles: „Metaphysik", Bücher A, a, B, K, M, N, Kaktos Verlag, Athen 1993

Aristoteles: „Über Werden und Vergehen", Kaktos Verlag, Athen 1994

Aristoteles: „Philosophische Schriften 6, Physik", Felix Meiner Verlag Hamburg 1995

Aristoteles: „Philosophische Schriften 5, Metaphysik", Felix Meiner Verlag Hamburg 1995

Bohm, David: „Causality and chance in modern physics", Foreword by Louis de Broglie, van Nostrand, Princeton N.Y. 1957
Wie auch: University of Pennsylvania Press, Philadelphia, 1999, griechische Übersetzung: Sinalma Verlag, Athen 1996

Diels, Hermenn: „Fragmente der Vorsokratiker" in 2 Bde., Weidmannsche Verlagsbuchhandlung, Zürich / Berlin 1964
Farrington, Benjamin: „Greek Science – Its meaning for us", Spokesman, Nottinghm 1980, erste Aufl. 1944, griechische Übersetzung unter dem Titel „Die Wissenschaft in der Antike", Kalvos Verlag, Athen 1989

Heisenberg, Werner: „Physik und Philosophie", Verlag Hirzel, Stuttgart 1957

Monod, Jacques: „Zufall und Notwendigkeit. Philosophische Fragen der modernen Biologie", Verlag Piper, München 1971
Laertius, Diogenes: „Philosophens Leben", Gesamtwerk, Kaktos Verlag, Athen 1994

Prigogine, Ilya: „La Fin des Certitudes", Editions Odile Jacob, o.O. 1996, griechische Übersetzung, Katopro Verlag, Athen 1997

Sambursky, S.: „Das physikalische Weltbild der Antike", Artemis Verlag, Zürich – Stuttgart 1965

Schrödinger, Erwin: „Die Natur und die Griechen. Kosmos und Physik", Rowohlt Verlag, Hamburg 1956

Weizsäcker, Carl Friedrich von: „Die Einheit der Natur, Kapitel „Möglichkeit und Bewegung", Hanser Verlag, München 1971

Theophrast (372 – 287 v. Chr.)

Aristoteles war der Denker, der in den Naturwissenschaften die erste Stelle einnahm. Mit ihm fing eine Epoche an, die man als die Epoche der Emanzipation der Wissenschaft (der Physik eingeschlossen) von der Philosophie kennzeichnen kann oder, mit anderen Worten, die Epoche, welche durch die zunehmende Trennung der Wissenschaft und Technik von der Philosophie charakterisiert wird.
Aristoteles starb im Jahr 323 v. Chr. In der Leitung des Lyzeums folgte ihm sein Schüler und Freund Theophrast. Theophrast änderte nicht den Kursus der Peripatetiker, wie er von Aristoteles gebahnt worden war. Das Lyzeum hatte zu seinen Tagen fast 2000 Schüler und die Auswahl der zu diskutierenden Themen war so breit wie in der Zeit von Aristoteles, obwohl Theophrast ein Mensch der Naturwissenschaft war. Später verengte sein Nachfolger Straton, der sogenannte Physiker, das Repertorium des Lyzeums, indem er sich fast ausschließlich mit den Naturwissenschaften beschäftigte. Das Ergebnis war eine drastische Senkung der Zahl der Schüler, welche die peripatetische Schule besuchten.
Theophrast wurde besonders innerhalb der Botanik tätig. In seinem Buch „Metaphysik" befasst er sich ähnlich wie Aristoteles in seiner „Metaphysik" mit den ersten Prinzipien des Seienden. Er breitet sich aber nicht in seinen Theorien aus wie Aristoteles. Aus diesem Buch werden hier zwei Abschnitte präsentiert. Der eine betrifft die platonischen Ideen über die letzten Ursachen der Existenz des Universums und der andere das teleologische Prinzip des Aristoteles über das Wachstum des Seienden (was es sein sollte).
„Das kann aber als zu schwer erscheinen, denn es ist unmöglich, etwas Allgemeines und Gemeinsames in dem zu erfassen, das auf verschiedene Art gesagt wird. Deshalb ist es ungangbar oder zumindest nicht leicht zu sagen, bis zu welchem [Punkt] und von welchen [Dingen] Ursachen zu suchen sind; [das gilt] in der gleichen Weise bei den WAHRNEHMBAREN wie bei den DENKBAREN, denn der Gang ins Endlose ist in beiden Fällen unangemessen und richtet das Verstehen zu Grunde... Wir sind sicherlich bis zu einem gewissen Grad in der Lage, Betrachtungen an Hand der Ursache anzustellen, wobei wir aber zu den HÖCHSTEN und ERSTEN selbst übergehen. Dann sind wir dazu nicht mehr in der Lage; sei es, weil sie keine Ursache haben, oder sei es, weil wir eine Schwäche haben, wie wenn wir in sehr helle [Dinge] gucken. Vielleicht ist es aber wahrer, dass mittels der Vernunft selbst die Betrachtung SOLCHER geschieht... Die Einsicht und die Überzeugung sind aber in gerade dem [Punkt] schwierig, obwohl er auch anderweitig wichtig und für die Untersuchungen von allem nötig ist, vor allem aber für die wichtigsten: wo ist die Grenze zu ziehen, wie bei den (Untersuchungen) über die Natur und denen über die VORAUSGEHENDEN? Diejenigen nämlich, die eine Erklärung von allem suchen, zerstören die Erklärung und zugleich auch das Wissen; es ist vielmehr wahrer zu sagen, dass sie

(eine Erklärung) von denen suchen, von denen es aber keine gibt und gemäß deren Natur nicht (geben kann)....
In der Tat, diese [Vorgehens-] Weise, wie einige glauben, ist keine naturbezügliche, zumindest nicht ganz, obwohl das Bewegt-Sein ja schlechthin Eigentum der Natur und vor allem des Himmels ist. Deshalb [gilt] auch: wenn Tätigkeit zum Wesen jeder Sache gehört und jedes einzelne, immer wenn es tätig ist, sich bewegt, wie bei den Lebewesen und den Pflanzen, sonst wären sie gleichnamig, dann ist wohl offensichtlich, dass auch der Himmel in seinem Umlauf seinem Wesen gemäß sein dürfte... wie eine Art Leben ist der Umlauf des Alls. Also, wenn im Fall der Lebewesen das Leben entweder gar nicht oder auf diese Weise untersucht werden muss, ist dann auch [im Fall] des Himmels und der himmlischen Körper der Umlauf entweder gar nicht oder [zumindest] auf eine bestimmte Weise zu untersuchen? Die gegenwärtige Schwierigkeit ist auch irgendwie an die Bewegung gebunden, die vom UNBEWEGTEN [stammt]."
("Metaphysik", Z 9b, 10a-25)

Theophrast berührt hier viele und verschiedene Aspekte der platonischen Ideen wie auch der Gedankengänge des Aristoteles. Als erstes stellt Theophrast die Frage, wie weit die Kette Ursache-Wirkung gehen kann. Nach seiner Feststellung muss eine Grenze in dieser Reihe gesetzt werden, weil sich sonst diese Denkweise als zerstörerisch für das Denken erweist (führt zum Unbegrenzten). Der Kommentar betrifft die Kosmologie, die Platon im „Timaios" darlegt, aber auch die Kosmologie des Aristoteles (auf logische Weise ohne die Phantasien Platons im „Timaios"), welcher die Reihe Ursache-Wirkung nach hinten zurückgehend am ersten Unbeweglichen (Gott) beendete.

Der zweite Aspekt, den Theophrast berührt, ist die Argumentation von Platon wie auch von Aristoteles für die Existenz und die Bewegung des Seienden. Beide, Platon und Aristoteles, versuchten die Bewegung und Existenz zu erklären. Theophrast bemerkt, dass in der Natur der Tiere und des Himmels die Bewegung eingefügt ist. Die Existenz ist nach Theophrast beweglich, weil das Seiende eben so beschaffen ist.

Ein dritter Aspekt ist die Bemerkung Theophrasts über eine nicht einheitliche, sondern unterschiedliche Erklärungsweise für die Bewegung der Lebewesen und des Himmels. Hier distanziert sich Theophrast von seinen Vorgängern (besonders von den Vorsokratikern), welche das Ganze als einen gesamten Lebensorganismus ansahen.
Theophrast hat sich kritisch geäußert über das teleologische Prinzip von Aristoteles, nach welchem jedes Seiende in der Welt ein Ziel hat oder nach einem Ziel strebt.

„Hinsichtlich dessen, dass alles wegen etwas geschieht und nichts vergeblich ist, ist die Abgrenzung generell nicht einfach – So sagt man oft: von wo aus muss man anfangen und bei welchen [Dingen] aufhören? – Einige [Dinge] scheinen demnach sogar nicht sich derartig zu verhalten, sondern manche kommen zusammen, andere [geschehen] mit einem gewissen Zwang, wie bei den HIMMLISCHEN und bei den meisten auf der Welt. Denn zu welchem Zweck gibt es das Herankommen und das Zurückfließen des Meeres oder Trockenheits- und Feuchtigkeitszeiten, und überhaupt Veränderungen mal in die eine, mal in die andere Richtung, und Vergehen und Entstehen, und nicht wenig anderes, das diesen sehr ähnlich ist?"
(„Metaphysik" 10a 20 – 10b 7)
Und weiter („Metaphysik" 10b 25- 11a 5):
„Deshalb scheint die Erklärung etwas Glaubwürdiges zu haben, dass also die [Pflanzen und die UNBESEELTEN] durch den Selbstlauf und den Umlauf des Alls eine gewisse Erscheinung oder Unterschiede zu einander annehmen. Auch wenn es nicht so ist, muss man bestimmte Grenzen des `Deswegen` und des `zum Besten` erfassen und darf diese nicht schlechthin für alles aufstellen."

Theophrast lehnt die Idee des zielstrebigen Seienden ab (jedenfalls als eine allgemeine Vorstellung) und noch mehr lehnt er die Idee ab, dass eine solche Zielsetzung außerhalb des Rahmens der natürlichen Erscheinungen durchgesetzt werden kann. Er verwirft auch die Meinung, dass „sowohl wenn sie schlechthin als auch von einzelnen behauptet werden: schlechthin, dass die Natur in allem nach dem BESTEN strebe und in den Fällen, in denen es möglich sei, [es] am EWIGEN und an der Ordnung teilnehmen lasse." („Metaphysik" 11a Z. 5-8)
Besonders Platon und auch Aristoteles, aber in kleinerem Ausmaß, hatten diese Vorstellung eingeführt. Sie haben nämlich die natürlichen Erscheinungen den außernatürlichen Ursachen untergeordnet, weil nach ihnen die Geschehnisse auf der Erde Zielen gehorchen sollten.
Man kann bemerken, dass die Annahme Theophrasts einer ziellosen Entfaltung der natürlichen Vorgänge ihn dem Geist der Wissenschaft der Neuzeit annähert, in der diese Annahme als fundamentale Voraussetzung gilt.

Straton von Lampsakos (320 – 270 v. Chr.)

Auf Theophrast folgte Straton in der Leitung des Lyzeums. Straton hatte sich besonders mit dem Studium der Naturwissenschaften beschäftigt, so dass ihm der Name „Physiker" gegeben wurde. Beide hatten enge Beziehungen zu dem Königreich der Ptolemeer in Ägypten. Besonders Straton war auch Lehrer des Kaisers der Ptolemeer des Philadelphos. Das Lernmaterial des Lyzeums verlor die Breite der Themen, indem es unter der neuen Führung systematisch auf das Studium der Naturwissenschaften konzentriert wurde. Das Ergebnis war eine drastische Senkung seiner Besucher. Straton selbst, wie sich aus dem Verzeichnis seiner Werke ergibt, hatte sich als Verfasser mit verschiedenen Themen befasst. Seine Werke sind nicht erhalten. So kam er zu uns durch das Werk von Kompilatoren, die nach ihm lebten.

Stratons Philosophie ist eine Mischung von atomistischen und aristotelischen Ansichten. Er nimmt nicht die Gottheit als erstes Prinzip des Universums an, sondern die Qualitäten, besonders die energetischen Qualitäten warm und kalt. Die Körper, die Substanzen oder die vier gründlichen Elemente haben nach ihm eine natürliche Schwere und so als erstes die Erde, die als Schwerstes im Zentrum liegt, dann das leichtere Wasser und darauf folgen die Luft und das Feuer. Den Unterschied in ihrem Gewicht erklärt er mit der Porentheorie, d.h. dass Straton unterschiedliche Dichtegrade annimmt, welche die Körper zu schweren oder leichten Körpern machen.

Obwohl es keinen leeren Raum außerhalb des Körpers gebe, gebe es trotzdem kleine leere Räume innerhalb des Körpers. So erklärt Straton, warum einige Körper leicht und andere schwer sind.

Nach den Atomisten gab es getrennt den leeren Raum und die soliden Körper, welche durch diesen Raum bewegt wurden. Nach Aristoteles gab es keinen leeren Raum, aber die Bewegung wurde ermöglicht, indem die Körper gegenseitig ihre Positionen wechselten. Straton nimmt beide Betrachtungsweisen an. Straton benutzt sowohl die aristotelische Auffassung (Antimetastasis) wie auch die Idee des leeren Raumes der Atomisten. So z.B. erklärt er durch die Antimetastasis (Wechsel der Positionen) das Eindringen eines soliden Körpers ins Wasser, wo das erste die Position des Wassers einnimmt. Durch die Idee des leeren Raumes innerhalb der Körper erklärt er verschiedene natürliche Erscheinungen. So z.B. leistet nach ihm der Diamant wegen seiner hohen Dichte und folglich Abwesenheit von Vakuum Widerstand, wenn man ihn zu erhitzen versucht. Durch die Existenz des inneren Vakuums erklärt er auch die Verdünnung und Verdichtung der Körper oder das Schrumpfen und deren Ausdehnung (z.B. Schwämme). Die Durchdringlichkeit der Strahlungen in der Luft oder im Wasser erklärt Straton, indem er leere Räume innerhalb der Luft oder im Wasser annimmt. Er bemerkt, dass wir es andernfalls (wenn es kein Vakuum innerhalb dieser Körper gäbe) als eine Ausdehnung des Wassers betrachten müssten, das z.B. in einem Gefäß liegen kann, wenn die Strahlung in dieses eindringt. So ähnlich erklärt er die Reflexion der Strahlungen, weil diese keinem leeren Raum begegnen und folglich in den Körper nicht eindringen können (Reflexion), während andere Strahlungen durch den leeren Raum innerhalb des Wassers bis an den Boden des Gefäßes kommen.

Mit anderen Worten, Straton folgt nicht Aristoteles in seiner Theorie der Materie, besonders was die prinzipielle aristotelische Idee der Kontinuität betrifft. Dagegen folgt er der aristotelischen Auffassung der Bewegung als etwas Kontinuierlichem, welches unbegrenzt geteilt werden kann.

Mit der Zeit und deren Definition von Aristoteles (Zahl der Bewegung) ist Straton nicht einverstanden. Nach ihm sind Zeit und Bewegung kontinuierliche Größen, während die Zahl als solche eine bestimmte Quantität ist, etwas Zählbares, was einer kontinuierlichen Größe nicht folgen kann. Er fügt hinzu, dass die Zahl keine Geburt und kein Vergehen erfährt, während die Zeit andauernd entsteht, wie auch andauernd vergeht. Nach ihm ist die Zeit ein Maß (nicht Zahl) der Bewegung oder des Stillstandes der Dinge.

Straton hatte den Mathematiker Aristarchos von Samos als Schüler wie auch den Arzt Erasistratos. Von ihm hatte sich der Techniker Heron von Alexandria stark in seinen „Pneumatika" beeinflussen lassen.

Bemerkung

Zuerst Theophrast in Athen und dann intensiver Straton hatten die Tradition der klassischen Zeit verlassen. Nunmehr finden die neuen Entwicklungen in Alexandria statt. Es geht um eine Epoche, in der das abstrakte physikalische Denken seine Position vertauscht mit wissenschaftlichen und technischen Akten.

Die Stoiker

Ihren Namen verdanken sie der Stoa (Galleria), einem Gebäude neben der Akropolis in Athen, wohin der erste von ihnen, Zenon von Kition (Zypern), kam und da ungefähr am Ende des vierten Jahrhunderts (nach dem Tod des Aristoteles) die erste Philosophie des Stoizismus entwickelte. Andere Hauptvertreter des Stoizismus neben Zenon von Kition sind Kleanthes, Zenons Nachfolger in der Leitung der Schule (Mitte des 3. Jahrhunderts) wie auch Chrysipp der Nachfolger von Kleanthes, der am Ende des 3. Jahrhunderts starb.

Die Stoiker bauten ein umfassendes philosophisches System auf, in das sie, im Geist der alten Tradition, alles eingeschlossen hatten und sich mit allem zusammen beschäftigten. Theorien über die Seele, Ethik, Dialektik wie auch Meteorologie und Kosmologie sind zentrale Richtungen ihres philosophischen Systems. Es gab auch eine Beschäftigung mit dem physikalischen Denken (immer verbunden mit dem allgemeinen philosophischen Denken).

Man sieht bei ihnen nicht ein konkretes, systematisches physikalisches Denken. Es geht um eine Wiederbelebung des alten, allgemeinen intuitiven Denkens, welches schon durch die Arbeit der peripatetischen Schule überholt zu sein schien.

Ihre physikalischen Hauptlehren sind folgende:
Es gibt das energetische Element (Geist oder Gott) und das passive (Materie). Beide sind vermischt, und das energetische regiert das passive Element. Die Welt ist ein endloses Kontinuum. Diese Kontinuität ist durch Geist (Pneuma) erhaltbar, der in alles eindringt und alles zusammenhält. Sie erkennen als zugrundeliegende Elemente die vier Elemente der klassischen Zeit (Feuer, Luft, Wasser, Erde) an, wo sie die Unterscheidung in aktive Elemente (Feuer, Luft oder Äther) und passive Elemente (Wasser, Erde) machen. Das Feuer und die Luft oder Äther sind die energetischen Elemente, die das Pneuma vertreten und in alles eindringen und so als zusammenhaltende Kraft die Kontinuität ermöglichen. Sie nehmen auch die gegensätzlichen Paare warm-kalt (energetisch) und feucht-trocken (passiv) an. Sie unterscheiden die ersten Prinzipien, welche vergängliche und ewige seien, von der vergänglichen Materie. Wegen ihrer Betrachtungsweise, dass die Welt ein endloses, zusammenhaltendes Kontinuum ist, lehnen sie die Idee der Existenz des Vakuums ab.

Sie glauben an das Schicksal oder Fatum und nach ihren Vorstellungen können die Bemühungen des Menschen, energetisch auf die Wendung der Dinge einzuwirken, nicht erfolgreich sein. So ist bei ihnen der Mensch mehr ein Beobachter als ein Akteur der Wirklichkeit.

Epikur 341 – 271 v.Chr.

Wie die Stoiker entwickelte auch Epikur seine Philosophie in Athen in der Zeit nach Aristoteles. Dort gründete Epikur seine Schule, und weil das Gebäude, in dem er und seine Gesellschaft lebten, von einem Garten umschlossen war, nahm die Schule den Titel „Der Garten" an.

Die Epikureische Philosophie weist keinen wissenschaftlichen Charakter auf, und man kann bemerken, dass es mehr eine Philosophie ist, welche sich von einer bestimmten menschlichen Haltung der Wirklichkeit gegenüber ableitet.

Epikur bewegt sich in der entgegengesetzten Richtung wie die Stoiker. Es gibt nämlich keine Unterwerfung unter das Fatum, sondern eine grenzenlose Freiheit. Er übernahm den Atomismus von Demokrit als Erklärungsweise der Naturvorgänge.

Die zwei Schulen der Stoiker und der Epikureer waren lange Zeit rivalisierend, besonders was ihre Unterstützung durch die Römer betraf, welche mittlerweile Griechenland erobert hatten.

Bibliographie

Theophrast:
1. Laertius, Diogenes: „Philosophens Lebens" (über Theophrast)
2. Sambursky, S.: „Das physikalische Weltbild der Antike" (Die Bemerkungen über Theophrast)
3. Theophrast: „Metaphysik", Kaktos Verlag, Athen 1998.

Straton:
1. Laertius, Diogenes: „Philosophens Lebens" (Straton)
2. Wehrli, Fritz: „Straton von Lampsakos", Texte und Kommentar, Benno Schwabe und Co. Verlag, Basel.

Stoiker:
1. Laertius, Diogenes: „Philosophens Lebens" (über Zenon von Kiton, Kleanthes und Chrysipp)
2. Arnim ab Johannes: „Stoikorum veterum Fragmenta", Lipsiae in Aedibus, B.G. Teubner, 1902.
3. Sambursky, S.: „Das Physikalische Weltbild der Antike" (über die Stoiker).

Epikur:
1. Epikur: „Gesamtes Werk", Kaktos Verlag, Athen 1994.

Die wissenschaftlichen Errungenschaften der antiken klassischen Zeit

Aus der Sicht des wissenschaftlichen Niveaus und des Niveaus der Technik kann die antike Zeit im groben in zwei kleinere Perioden unterteilt werden:

1. Die naturwissenschaftlichen Errungenschaften der Epoche von Thales bis Aristoteles, nämlich die Zeit der Vorsokratiker und die klassische Zeit. In dieser Periode, welche durch ein Denken auf höchstem Niveau gekennzeichnet ist, gibt es auch wissenschaftliche Errungenschaften, die aber erst vereinzelt auftreten.

2. Die technischen und wissenschaftlichen Errungenschaften der hellenistischen Zeit, wo eine schnelle Entwicklung der Technik, aber auch der Wissenschaft geschieht. Diese Epoche ist überwiegend die Epoche des dritten und zweiten Jahrhunderts v. Chr. und findet in Alexandria statt.

Teil I

Die naturwissenschaftlichen Errungenschaften der Zeit der Vorsokratiker und der klassischen Zeit

Was die Wissenschaften dieser Epoche betrifft, betätigen sich die Denker und die Wissenschaftler in den Bereichen der Mathematik, Astronomie, Meteorologie, Astrophysik und entwickelten Theorien des Hörens und Sehens. Unter „Astrophysik" sind Vermutungen über die Struktur und die Natur der Sterne und der Milchstraße gemeint.
In unserer Arbeit werden die Meteorologie und die Theorien des Hörens und Sehens präsentiert. Zusätzlich werden Forschungen von Aristoteles präsentiert, welcher, wie schon S. Sambursky bemerkt, außer ein Denker auch ein hervorragender Naturforscher war.

A. Meteorologie

In der Arbeit folgen wir der Reihe der Denker, wie sie in den „Fragmenten der Vorsokratiker" von Herrmann Diels dargestellt werden.

Xenophanes (570 – 470 v.Chr.) bemerkt, dass der Blitz entsteht, indem die Wolken in ihren Bewegungen Licht ausstrahlen. Er sagt, dass durch die Sonnenerhitzung das Wasser des Meeres sich aufpumpt und auf die Höhe kommt, wo es die Wolke schafft. Der Regen ist dann dieses Wasser, das sich verdichtet.
Nach Herakleitos (570 – 480 v.Chr.) ist der Donner ein Fall von Lüften auf die Wolke, indem sie mit den Winden sich wirbeln, und der Blitz ist die Aufregung dieses Wirbels.
Aristoteles schreibt in „Meteorologica", dass einige sagen, dass der Blitz Feuer innerhalb der Wolken ist, und dass Empedokles erklärt, dass dieses Feuer das Feuer der Sonneneinstrahlungen ist, welche drinnen in den Wolken sich einschließen. Nach ihm stürzt das Licht auf die Luft der Wolke und sie zerbricht, so dass der Blitz der Schein des Zusammenstoßes ist, während der Donnerschlag der Ton des Blitzes ist.
Nach Anaxagoras ist das Donnern der Zusammenstoß der Wolken und der Blitz ist das Ergebnis ihrer Reibung. Aristoteles erklärt in „Meteorologica" über die

Ansicht von Anaxagoras weiterhin, dass nach ihm das Feuer über dem Äther liegt und nach unten auf die Wolke kommt; so ist der Blitz das Ausstrahlen dieses Feuers, das Donnern ist die Erlöschung dieses Feuers; und so sei es immer, wenn etwas Warmes auf etwas Kaltes (Wolke) sich stürzt.
Anaxagoras gibt auch eine Erklärung über die Entstehung des Regenbogens: „Regenbogen aber nennen wir den Widerschein der Sonne in den Wolken. Das ist nun ein Sturmvorzeichen. Denn das um die Wolke sich ergießende Wasser pflegt Wind zu erregen oder Regen auszugießen." (Übersetzung von Herrmann Diels)
Demokrit macht auf das Donnern und den Blitz eine Anwendung seiner Theorie über die Existenz von Vakuum und Materie. So ist das Donnern die Bewegung der Wolken nach unten, welche eine ungleichförmige Zusammenfügung von Vakuum und Materie haben. Der Blitz ist nach ihm der Zusammenstoß dieser Wolken, indem das eingeschlossene Feuer (in den Wolken) in die verdünnten Räume sich reibend eindringt.
Schließlich bemerkt Metrodoros von Chios, Schüler von Demokrit, dass, wenn in verdünnte Wolken die Luft sich stürzt, dann das Donnern das Ergebnis dieses Zusammenstoßes ist und, indem die Wolke die Sonnenwärme aufnimmt, auch bei diesem Zusammenstoß der Blitz entsteht.
Über die Entstehung der Wolken schreibt er, dass sie die Ausdünstungen des in der Erde liegenden Wassers auf die Luft (Atmosphäre) sind.

B. Über Licht, Hören und Sehen

Empedokles hatte schon Ansichten über das Licht formuliert. Nach ihm ist das Licht ein sehr dünnes Feuer (Strahl), welches der feuernde Körper ausstrahlt und das den größten Schwung besitzt und von körperlicher Natur ist, weil es sich reflektiert und bricht, was Qualitäten nur eines Körpers sein können. Empedokles glaubt, dass das Licht zuerst im Raum entsteht und dann auf der Erde ankommt, d.h. er glaubt, dass das Licht eine begrenzte Geschwindigkeit besitzt, während Aristoteles an eine momentane Übertragung des Lichtes glaubte.
Über das Hören äußert Empedokles die Meinung, dass es von unseren Stimmen erzeugt wird, indem die Stimme die vor uns liegende Luft in Bewegung setzt, so dass die Luft auf feste Körper trifft und so der Schall produziert wird. Wir hören, indem die Luft auf die Ohren stößt, welche die Form einer Glocke haben, so dass in der Glocke innerhalb der Ohren der Schall vibriert.
Nach Aëtios glaubt Empedokles über das Sehen, dass wir durch Strahlen, welche die Augen ausstrahlen, sehen, aber auch dass die Körper Bilder ausstrahlen,

welche in unseren Augen gedruckt werden; und wie Aëtios schreibt, befürwortet Empedokles eher die zweite Auffassung (die Ausstrahlung der Körper), weil sie seiner Theorie der Ausflüsse ähnelt. Es sei hier angemerkt, dass Platon die Auffassung, dass die Augen das Licht ausstrahlen, vertritt. Das ist so, weil der Mensch auch aus Feuer entstanden ist.
Oft ist in den Büchern der Geschichte der Wissenschaft die Rede über die Experimente der Pythagoreer in der Akustik. Wir führen hierbei ein Fragment von Archytas von Tarent über die Harmonik an:
„Treffliche Erkenntnisse scheinen mir die Mathematiker gewonnen zu haben, und es ist gar nicht sonderbar, dass sie über die Beschaffenheit der einzelnen Dinge richtig denken... Zuerst nun überlegten sie sich, dass unmöglich ein Schall entstehen könne, ohne dass ein gegenseitiger Anschlag von Körpern stattfände. Ein Anschlag aber, behaupteten sie, entstünde dann, wenn die in Bewegung befindlichen Körper sich gegenseitig treffen und zusammenstoßen. Diejenigen Körper nun, die in entgegengesetzter Richtung sich bewegen und einander bewegen, brächten den Schall hervor, indem sie sich hemmen; diejenigen Körper aber, die sich in gleicher Richtung, aber mit ungleicher Geschwindigkeit fortbewegen, brächten den Schall hervor, indem sie, von den nachkommenden eingeholt, getroffen würden.
Viele von diesen Schällen könnten nun mit unserer Natur nicht erfasst werden, teils wegen der weiten Entfernung von uns, einige auch wegen ihrer außerordentlichen Stärke. Denn die gewaltigen Schälle könnten nicht in unser Ohr eindringen, wie sich ja auch in den enghalsigen Gefäßen, sobald man viel eingießen will, nichts eingießen lässt. Von den an unseren Sinn anschlagenden Schällen erscheinen die, welche stark und schnell von dem Anschlage her zu uns dringen, hoch, die aber langsam und schwach sind, tief zu sein. Denn nimmt man eine Gerte und bewegt sie langsam und schwach, so wird man mit dem Schlage einen tiefen Schall hervorbringen, bewegt man sie aber rasch und stark einen hohen. Aber nicht nur hierdurch können wir dies erkennen, sondern auch: wollen wir beim Reden oder Singen etwas laut und hoch klingen lassen, so werden wir mit Anwendung starken Atems zum Ziel gelangen. Wollen wir aber leise und tief sprechen, so werden wir schwachen Atem anwenden..."
Er spricht noch weiter über die Proportionalität der Stimmbewegung und schließt seine Darlegung mit folgenden Worten: „Dass nun also die hohen Töne sich schneller bewegen, die tiefen langsamer, ist uns aus vielen Beispielen deutlich geworden." (Übersetzung Herrmann Diels)
Anaxagoras drückt die Auffassung aus, dass die Ursache der Bewegung der Luft die Sonne ist, indem sie die Luft in vibrierende Bewegung setzt, so dass den Tag hindurch viel Lärm entsteht und wir nicht gut hören können, während wir in der Nacht (wo die Sonne untergegangen ist) den Schall und den Lärm der Stimmen klarer hören.

Archelaos, Schüler von Anaxagoras und Sokrates Lehrer, gilt als der erste, der gesagt hatte, dass die Entstehung der Stimme ein Zusammenstoß der Luft ist (nach Diogenes Laertius).
Die Auffassung über das Sehen, welche in die Nähe unserer heutigen Erklärungen kommt, ist jene von Demokrit. Nach ihm strahlen die Dinge, die Objekte Idolen gleichartig mit ihrer Struktur aus (oder es fließen Idolen aus den Körpern aus), welche (Idolen) unsere Augen treffen und so das Sehen ermöglichen.
Mehr detailliert erklärt Demokrit (kopiert von Theophrast in „Über die Sinne"), dass das zu sehende Ding einen Abdruck in der Luft macht, welche wie Ausfluss (man erinnert sich an Empedokles) ins Auge kommt.

Eine Erklärung von Empedokles und Demokrit über die magnetischen Eigenschaften der Materie

Empedokles hatte die Theorie der Ausflüsse eingeführt und zusätzlich die Theorie der Poren. Nach dieser Theorie fließt von jedem Körper eine Sorte Strahlung gegen einen anderen Körper aus. Der Empfänger dieser Ausstrahlung sind die Poren des Körpers. Die Körper sind porös. Es gibt die Möglichkeit, dass die Poren eines Paares von Körpern symmetrisch sind, und dann kann die gegenseitige Einwirkung stark sein.
Demokrit auf der anderen Seite hatte die Theorie der Atome eingeführt. Es gebe Vakuum (oder Luft) und volle Materie. Er nimmt auch die Theorie der Ausflüsse von Empedokles an, und anstelle der Poren des Empedokles setzt er den leeren Raum zwischen die Atome eines Körpers.
Der magnetisierte Stein lockt das Eisen an. Die Erklärung von Empedokles ist, dass von dem magnetisierten Stein eine Sorte Kraft ausströmt, welche in die (als symmetrisch angesehenen) Poren des Eisens eindringt, und das Ergebnis ist endlich die Anziehung des Eisens.
Demokrit führt eine ähnliche und leicht verwandelte Variation ein, indem er anstelle der Poren gleichartige Atome setzt. Nach ihm lockt das Gleiche immer sein Gleiches an.
Der Mechanismus, welchen die beiden vorgeschlagen haben, ähnelt unseren heutigen Erklärungen über die Wechselwirkungen von Körpern, die sich nicht anrühren und könnte als ein Vorläufer der heutigen Linien eines Kraftfeldes betrachtet werden. (Von Alexander von Aphrodisia mit persönlichen Kommentaren in „Fragmente der Vorsokratiker" über Empedokles und über Demokrit)

C. Die Forschung von Aristoteles

Archimedes, im dritten Jahrhundert v.Chr., hat das Gesetz der Tragkraft formuliert. Andeutungen über die Existenz dieser Kraft macht Aristoteles in seinem Werk „Meteorologica".
„Dieser Stoff macht auch das Salzwasser schwer (es ist schwerer als Süßwasser) und dicht; letzteres macht so viel aus, dass beladene Schiffe, die in Flüssen beinahe versinken, mit genau der gleichen Last im Meer gerade richtig liegen und seetüchtig sind. Die Unkenntnis dieser Tatsache hat schon manche Schiffer, die ihr Fahrzeug in Flüssen beluden, zu schaden gebracht. Ein Beweis dafür, dass die Dichte einer Flüssigkeit durch eine solche Beimischung zunimmt: wenn man Wasser durch Zumischen von Salzkörnern stark salzig macht, schwimmen Eier, auch wenn sie nicht aufgeschlagen sind... Falls es wirklich, wie man fabelt, in Palästina einen solchen (salzhaltigen) See gibt, in dem ein Mensch oder ein Tier, in Fesseln hineingeworfen, oben schwimmt und nicht unter das Wasser herunter sinkt, so wäre ein Zeugnis für das Gesagte. Man behauptet nämlich, der See sei so bitter und salzig, dass es darin keine Fische gibt und dass er Kleider reinigt, wenn man sie hineinhält und schüttelt" („Meteorologica", Buch B 359a 5-20)
Unglücklicherweise hatten die Forscher vor Archimedes keine Definition der Dichte eines Körpers gefunden.

In seinen Ansichten über Meteorologie folgt Aristoteles einem allgemeinen Modell.
Nach seinem Modell gibt es zwei Sorten von Ausdünstungen:
"Wenn nämlich die Erde von der Sonne erwärmt wird, so entwickelt sich mit Notwendigkeit nicht eine einfache Ausdünstung, wie manche glauben, sondern eine von doppelter Art, die eine mehr als Wasserdampf, die andere mehr als Windhauch, als Dampf die aus der Feuchtigkeit in und auf der Erde, rauchartig dagegen die von trockener Erde stammende. Von ihnen hält sich die windartige Ausscheidung oben wegen ihrer Wärme, die feuchtere bleibt unten wegen ihrer Schwere".(„Meteorologica", Buch A, 341b 5-20)
Aristoteles versucht mit dem Modell einheitlich drei Sorten von Erscheinungen zu erklären: die Erdbeben, die Winde und die Geschehnisse in den Wolken.
Er macht die folgende Anwendung seines Modells: „Wenn nun die Sonne auf ihrer Kreisbahn sich (der Erde) nähert, zieht sie durch ihre Wärme das Feuchte empor, entfernt | sie sich, so kondensiert infolge der Abkühlung der emporgeführte Dampf wieder zu Wasser (darum fällt im Winter mehr Regen, und nachts mehr als tagsüber; es scheint nur anders zu sein, weil man es weniger merkt, wenn es nachts regnet, als am Tage)." („Meteorologica", Buch B 359b 33-35, 360a, 1-5)

Und weiter:
„Wir wollen nun über Blitze und Donner, ferner über Wirbelwind, Glutwind und Donnerkeile sprechen; denn für sie alle muss man den gleichen Ursprung annehmen. Die irdische Ausscheidung ist, wie wir sagten, von doppelter Art, teils trocken, teils feucht; ihre Verbindung enthält also potentiell beides. So kommt es, wie dargelegt, zur Bildung der Wolken, und ihre Dichte ist an ihrer oberen Grenze besonders groß (auf der Seite nämlich, wo die ausgeschiedene Wärme in die obere Region entweicht, wird die Wolkenmasse notwendigerweise fester und kälter, weshalb auch Donnerkeile, Sturmböen und alle verwandten Bildungen nach unten fahren, obschon doch von Natur alles Warme nach oben strebt; aber die Auspressung muss eben in Gegenrichtung zu der verdichteten Masse erfolgen – es ist wie bei den Obstkernen, die wir aus den Fingern schnellen; auch sie, die doch Gewicht haben, fliegen oft nach oben.). Die ausgeschiedene Wärme verliert sich also im oberen Ort; soweit jedoch die trockene Aushauchung während des Abkühlungsprozesses, den die Luft erfährt, von dieser eingeschlossen wird, wird sie beim Kondensieren der Wolken gewaltsam ausgestoßen; bei ihrem Dahinfahren stößt sie an die umgebenden Wolken und verursacht jenen Schlag, der Donner heißt...
Dies also ist der Donner, und dies seine Ursache. In der Regel nun wird der ausgepresste Wind entzündet und brennt in einem dünnen, feinen Feuer, dem sogenannten Blitz, wo man von dem herunterfahrenden Wind gleichsam einen Farbeindruck hat. Er entsteht nach dem Schlag, also später als der Donner, dem Augenschein nach jedoch ist er früher, weil unser Sehen rascher ist als unser Hören. Der Rudertakt eines Dreiruderers macht klar: wenn sich die Ruder schon wieder heben erreicht uns erst der Schall von ihrem Schlag." („Meteorologica", Buch B 369a 10-30, 369b, 5-13)

Man bemerkt, dass während Empedokles und die meisten Vorsokratiker als ursprüngliche Wärme die Sonnenwärme akzeptieren, Aristoteles eine Wärme vorschlägt, die von der Erde kommt (trockene Ausdünstung), während die andere die nasse Ausdünstung, die Wolke schafft. Und er kommt zu diesen Schlussfolgerungen:
„Einige lehren – zum Beispiel Kleidemos -, der Blitz habe keine reale Existenz, sondern sei bloßer Schein. Sie vergleichen ihn mit dem Sinneseindruck, den man hat, wenn man nachts mit einem Stock ins Meerwasser schlägt; dann scheint das Wasser aufzublitzen. So entstehe in der Wolke, wenn die Feuchtigkeit darin einen Schlag erfährt, der Eindruck eines hellen Glanzes – der Blitz. Diese Autoren waren offenbar noch nicht vertraut mit den Anschauungen über Lichtbrechung, der anerkannten Ursache dieses Phänomenes. Das Wasser scheint unter dem Schlag aufzublitzen, weil unsere Sehlinie von ihm weg zu einem hellen Gegenstand reflektiert wird. Deshalb tritt auch das Phänomen vor

allem nachts ein; tagsüber kommt es nicht dazu, weil das stärkere Tageslicht es nicht sichtbar werden lässt.
Dies also sind die Ansichten der anderen über Donner und Blitz: Blitz als Lichtbrechung, als Aufscheinen von Feuer im Gewölk, Donner das Geräusch bei seinem Verlöschen; dabei wird vorausgesetzt, dass das Feuer nicht jedes Mal neu entstehe, sondern (als Vorrat) vorhanden sei.
Wir behaupten: ein und dieselbe Wesenheit ist oberhalb der Erde Wind, im Erdinnern Erdbeben, in den Wolken Donner; denn alle diese Naturerscheinungen haben die gleiche Substanz, die trockene Ausdünstung der Erde. Wenn sie in der einen Richtung strömt, ist sie Wind, wenn in der anderen, verursacht sie die Erdbeben; und wenn die Wolken sich zusammenschließen und zu Wasser kondensieren, also eine Umwandlung erfahren, wird sie während dieses Prozesses ausgeschieden und verursacht Donner, Blitz und auch die anderen gleichartigen Phänomene. Die Darstellung von Donner und Blitz ist damit abgeschlossen."
(„Meteorologica" Buch B 370a 10-33)

Bemerkungen

Das philosophische und allgemeine physikalische Denken der Welt der Antike, besonders in der Zeit von den Vorsokratikern bis Ende der klassischen Zeit (von Thales bis Aristoteles), mit welchem wir bis heute beschäftigt sind, bewegte sich auf einem hohen Niveau. Mit großem Abstand von diesem Niveau kommen ihre wissenschaftlichen Errungenschaften. Man kann sprechen von einer fast elementarischen Technik und Abwesenheit von konkreten wissenschaftlichen Ergebnissen im Vergleich mit denen, welche von der Neuzeit an gebahnt wurden.
Diese scheinbare Antithesis, dieses Paradox auf den ersten Blick führte viele Autoren unserer Zeit zu verschiedenen Erklärungen.
So schreibt Benjamin Farrington in seinem Buch „Greek science – Its meaning for us", dass diese frühe Wissenschaft einen aristokratischen Charakter hat, welcher das Experiment außeracht ließ.
S. Sambursky schreibt, dass diese Trennung eine Frage der angenommenen Logik ist. Er erklärt, dass die antike Zeit das deduktive Denken befürwortete, während man unser heutiges Denken vom Anfang der Neuzeit an, das auf viel mehr wissenschaftlichen Ergebnissen basiert, als induktiv bezeichnen könnte. Um dieses Urteil zu bekräftigen, erwähnen viele zeitgenössische Autoren, dass in der Zeit der Antike zu wenig systematische Experimente zu bemerken sind, wie wir ja heute diese Experimente nennen.

Der Historiker der Wissenschaft, Geoffrey Lloyd, obwohl er im großen und ganzen diese Meinung teilt, bemerkt in seinem Buch „Early Greek Science – Thales to Aristotle", dass diese Schussfolgerung einige Aufklärungen braucht. So schreibt er, dass das Experiment nicht passend war für Probleme, mit welchen die Wissenschaftler jener Zeit sich befassten. Er erwähnt die Bereiche der Astronomie und Meteorologie, wo man nicht direkt Experimente durchführen konnte. Ähnliches, bemerkt er, gilt für das Licht oder den Blitz, wo man in jener Zeit nicht experimentieren konnte, sondern nur alternative Vermutungen aufzustellen vermochte. Das Maximum, das sie in jener Zeit machen konnten, war der Vergleich, die Analogie mit mehr bekannten Phänomenen, und so war die Analogie wirklich, wie er schreibt, von Anaximander an, die hauptsächliche Methode.

Ein anderer Grund, welcher die experimentalische Methode hinderte, war nach Geoffrey Lloyd die Natur der Probleme, am meisten fundamentale und über die letzten Elemente der Materie. So war nach ihm die Kontroverse zwischen dem Atomismus und der Qualitätstheorie von Aristoteles nicht durch Experimente oder durch Beobachtungen lösbar. Folglich, schreibt er, hat es keinen Sinn, über Misserfolge in der Anwendung von experimentalischen Methoden für jene Zeit zu sprechen, sofern es für solche Themen unmöglich ist, Experimente zu finden, welche diese Fragen beantworten könnten. Er fügt hinzu, dass dies nicht für andere Probleme in der Physik und in der Biologie galt.

Wir schließen uns eher Geoffrey Lloyds Meinung an. Es ist nicht zu glauben, dass die Denker und die Wissenschaftler der antiken Zeit bewusst die Technik und das Experiment ignorierten und allein das allgemeine Denken pflegten. Einfacher wäre es anzunehmen, dass die Technik und Wissenschaft nicht das Denken auf hohem Niveau unterstützten. Es wird hierbei erinnert, dass die Atomistische Theorie experimentalische Bestätigung erst am Anfang des 20. Jahrhunderts fand. Mit anderen Worten, die Denker der antiken Zeit hatten keine Ahnung, dass sieh zu früh und mangelhaft verallgemeinerten. Das ist eine Beurteilung, welche wir heute nach tausend Jahren für jene Zeit und im Vergleich mit unserer Zeit machen. Vielleicht werden nach einigen Jahrhunderten nach unserer Epoche die Denker der zukünftigen Welt eine ähnliche Beurteilung über unsere Epoche abgeben.

Aber auch neue Beispiele und besonders aus unserer heutigen, sich rasch entwickelnden Welt, verweisen auf die Schlussfolgerung, dass das Verallgemeinern nur ein Moment in der Entwicklung ist, welches man nicht in Kauf nehmen soll. Die Umstürze unserer Zeit sind zahlreiche, obwohl sich angeblich die Wissenschaft der Neuzeit auf induktive Weise entfaltete. Dazu werden einige Beispiele gegeben, beschränkt auf den Bereich der Naturwissenschaft: Der Physiker Richard Feymann stellt in seinem Buch „Der Charakter des physikalischen Gesetzes" die Allmacht des physikalischen Gesetzes fest, welches das Universum und

die Entwicklung regiere. Das war anfangs des sechsten Jahrzehnts des 20. Jahrhunderts.
Dreißig Jahre später spricht die Tendenz, welche das physikalische Denken dominiert, (z.B. Elia Prigogine) für ein Chaos, wenn auch deterministisch gemeint, als ein verallgemeinerndes Erklärungsmodell des Universums.
Mehr vorsichtig vermeidet Erwin Schrödinger in seinem Buch „Die Natur und die Griechen" im Jahr 1948 weitgehend das Verallgemeinern und stellt einfach fest, dass die theoretische Physik atmend hinter dem Experiment herläuft.
Nach unserer Meinung gibt es keine Antithesis oder Trennung von deduktivem und induktivem Denken irgendeiner Epoche.
Es gibt eher das menschliche Bedürfnis für ein Verallgemeinern und eine Einordnung, und bei diesem Verallgemeinern, welches immer nur intuitiv und deduktiv sein kann, gibt es auch unvermeidliche Fehler oder Undeutlichkeiten.
Die Welt der Antike hatte auch konkrete Bemerkungen gemacht, obwohl das zur Verfügung stehende Material knapp zu sein scheint im Vergleich mit dem wissenschaftlichen (und nicht nur) Material unserer Zeit.
So gesehen ist die Denkweise der Antike ähnlich wie heute, nur dass sie auf fehlendem experimentalischem Material basiert. Dieser Mangel wurde durch Beobachtungen und Diskussionen ersetzt, was auch heute in nicht entwickelten Forschungen (z.B. in der Dritten Welt oder auch in nicht mathematisierten Wissenschaften) der Fall ist.

Bibliographie

1. Aristoteles: „Meteorologica" Buch A und B, Kaktos Verlag, Athen 1994
2. Aristoteles: „Meteorologie/ Über die Welt" Buch 1, Wissenschaftliche Buchgesellschaft Darmstadt 1970
3. Diels, Herrmann: „Die Fragmente der Vorsokratiker", 2 Bde., 11. Aufl. Weidmannsche Verlagsbuchhandlung, Zürich – Berlin 1964
4. Farrington, Benjamin: „Greek Science – Its meaning for us", Foreword by John Needham, Spokesman, Nottingham 1980, erste Aufl. 1944, griechische Übersezung: Kalvos Verlag, Athen 1989
5. Lloyd, G.E.R.: „Early Greek Science – Thales to Aristotle", Chatto and Windus, London 1982
6. Sambursky, S.: „Das physikalische Weltbild der Antike", Artemis Verlag, Zürich – Stuttgart 1965

Mechanik

„Schiffahrtsszene", von Becher in Attika. Louvre

Das Buch der „Mechanik" gehört zu der Sammlung der Aristotelischen Werke. Allerdings gilt es als fast sicher, dass der Autor des Buches nicht Aristoteles ist, sondern ein anderer aus der Aristotelischen Schule, möglicherweise Straton, der Physiker. Auf jeden Fall bewegt sich das Buch in der Richtung der Peripatetischen Schule.
Der Verfasser des Buches befasst sich mit der Funktion verschiedener Vorrichtungen und Apparate und versucht, theoretische bzw. wissenschaftliche Erklärungen zu geben.

Am Anfang des Textes bestimmt er, was unter dem Namen „Technik" gemeint ist. Er schreibt:
„Was natürlich abläuft, erregt Verwunderung, solange man den Grund nicht kennt, auch was der Natur entgegen ist, sobald es durch unsere Kunst der Menschheit zum Nutzen sich abspielt. Vielfach nämlich arbeitet die Natur unserem Vorteil entgegen, weil sie immer den gleichen Verlauf nimmt und einfach ist, während unser Nutzen vielfältig wechselt. Soll nun etwas der Natur entgegen geschehen, so macht es wegen der Schwierigkeit Kopfzerbrechen und bedarf unserer Kunst. Daher nennen wir auch dasjenige an unserer Kunst, was bei solchen Schwierigkeiten Hilfe bringt, Erfindung. Es ist nämlich so, wie der Dichter Antiphon sagt:
Die Kunst bleibt Sieger, wo uns die Natur besiegt. Dahin gehören alle Fälle, in denen Kleineres das Größere bezwingt und ein kleines Gewicht eine große Last bewegt, überhaupt alles, was wir als Fragen der Erfindungsgabe bezeichnen. Diese fallen weder mit solchen der Physik ganz und gar zusammen, noch liegen sie allzu weit davon entfernt, sondern stellen eine Verbindung zwischen mathe-

matischer und physikalischer Erkenntnis dar: Die Gesetze ergeben sich aus der Mathematik, die Gegenstände aus der Physik."[11]

Der Autor fragt nach der Funktion solcher Vorrichtungen wie Hebel, Waage, Flaschenzug. Er bemerkt, dass all diese Apparate eine zyklische Bewegung durchführen. So kommt er zum Studium der zyklischen Bewegung.
Vor diesem Studium untersucht er die Bewegung eines Körpers, welcher Teil an zwei von einander unabhängigen Bewegungen hat. So beweist er, wenn zwei Bewegungen eine stabile Proportion haben, d.h. wenn F_1/F_2=const. oder u_1/u_2 = const. (er spricht nur über zwei Bewegungen), „so muss sich die Bewegung auf einer Geraden abspielen, und zwar auf der Diagonalen derjenigen Figur, die man aus den beiden Verhältniszahlen bilden kann."[12]

Fig.1

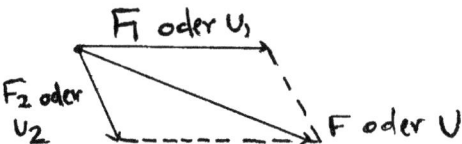

„Folglich" – fährt er fort – „beschreibt ein Punkt keine gerade Bahn, der zu keiner Zeit ein bestimmtes Bewegungsverhältnis einhält.... Ein Punkt also läuft auf gekrümmter Bahn, der zwei Bewegungen ausführt, die zu keiner Zeit ein bestimmtes Verhältnis einhalten."[13]
Die eine Bewegung sei die Bewegung der Peripherie entlang (der Tangente des Zyklus), während die andere die widernatürliche Bewegung nach dem Zentrum des Zyklus sei (zentripetale Bewegung).[14]
Er zeigt, obwohl der Beweis nicht ganz klar ist, dass unter der Wirkung derselben Kraft sich der Punkt schneller bewegt, welcher größeren Abstand vom Zentrum des Zyklus hat, bzw. der zyklische Bogen, der den größeren Radius zurücklegt, ist größer als der mit dem kleineren Radius, wenn die Zeit die gleiche ist.[15]

---

[11] „Mechanik" 847a-847b
[12] „Mechanik" 848b 1-30
[13] „Mechanik" 848b 35–849a
[14] „Mechanik" 849a 13-16
[15] „Mechanik" 849a-849b 20

Fig.2

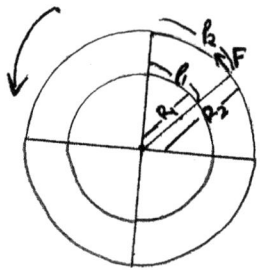

$t_1=t_2, R_1<R_2 \Rightarrow l_1<l_2$

Er kommt zu seinen Folgerungen:
„Und daraus wieder sieht man ein, warum der längere Waagebalken genauer ist, als der kürzere. Die Schere nämlich gilt als Mittelpunkt, da sie in Ruhe bleibt, und die nach beiden Seiten laufenden Waagebalken bilden die Halbmesser. Es muss also durch dasselbe Gewicht der Endpunkt des Waagebalkens um so schneller bewegt werden, je mehr er von der Schere entfernt ist, und manche Gewichte, die bei kleineren Waagen keinen erkennbaren Ausschlag ergeben, machen sich bei großen bemerkbar... Manche sind auch zwar auf beiden Waagen bemerkbar, aber auf der größeren viel besser, weil bei ihr der Ausschlag des gleichen Gewichtes viel größer ist."[16]
„Wenn daher die Purpurhändler betrügen wollen beim Wiegen, dann bringen sie die Schere nicht in der Mitte an..."[17]

---

[16] „Mechanik" 849b 22-34
[17] „Mechanik" 849b 35-37

Fig.3

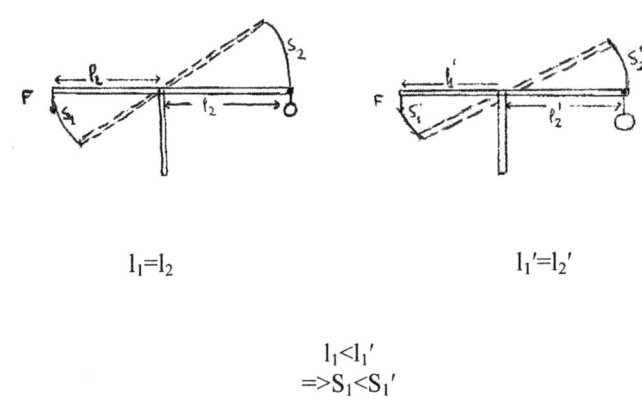

$l_1=l_2$ $\qquad$ $l_1'=l_2'$

$l_1<l_1'$
$=>S_1<S_1'$

Bemerkung:
Wie schon Aristoteles, so kann auch der Verfasser der „Mechanik" sich nicht eine Bewegung ohne Wirkung einer Kraft vorstellen. So nimmt er an, dass der Peripherie entlang die Kraft wirkt, die den Körper in Bewegung setzt. Weil es um eine Torsion geht, führt er die Größe des Drehmoments ein als Produkt der Kraft F, welche senkrecht am Ende der Länge l wirkt, mit der Länge l vom stabilen Zentrum der Torsion. Nämlich M=F*l, wobei M das Drehmoment der Kraft ist. So ist auch heute in den Büchern der Physik das Drehmoment definiert.

In Paragraph 3 des Buches befasst er sich mit der theoretischen Erklärung der Funktion des Hebels. Er fragt sich:
„Warum werden große Lasten durch eine kleine Kraft bewegt ...?
Gewiss deswegen, weil der Wuchtbalken der Grund ist, da er als Hebel wirkt, der von unten unterstützt wird und in ungleiche Arme geteilt ist ... Und dreierlei ist am Wuchtbaum zu unterscheiden, Unterlage, `Schere` und Drehpunkt, dazu die beiden Kräfte, das Gewicht und die Last. Wie sich demnach die Last zum Gewicht verhält, so verhalten sich umgekehrt die Längen der Hebelarme. Man wird also um so leichter bewegen, je weiter von der Unterlage entfernt man anpackt. Der Grund ist der vorhin dargelegte, dass ein vom Drehpunkt weiter entfernter Punkt einen größeren Kreis beschreibt. Daher wird das bewegende Gewicht einen größeren Weg zurücklegen, je weiter es von der Unterlage entfernt ist."[18]

---

[18] „Mechanik" Paragraph 3

D.h. dass M= F*l und im Hebel gelte die Gleichung:
$M_1=M_2 => F_1*l_1=F_2*l_2 => F_1/F_2=l_2/l_1$

oder $F_2=F_1/l_2*l_1/l_2$ I
$F_2'=F_1'/l_2*l_1/l_2$ II
$F_2=F_1'$ III
$l_1' > l_1$ IV
I+II+III+IV => $F_2' > F_2$

Nämlich unter dieselbe Kraft $F_1=F_1'$ können wir größere Gewichte aufheben.

Fig.4

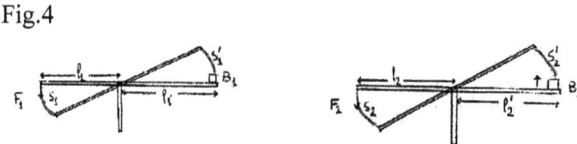

$l_1 < l_2$ $l_1' = l_2'$ $F_1 = F_2$ $S_1 < S_2$ $S_1' < S_2'$
$B_1 < B_2$ B_1: Gewicht 1
              B_2: Gewicht 2
Wir können größere Gewichte aufheben.

In Paragraph 4 wird die Bewegung eines Schiffes untersucht. „Warum bewegen die Ruderer in der Mitte des Schiffes dieses am meisten? Gewiss deswegen, weil das Ruder ein Wuchtbaum ist, dessen Unterlage der Ruderpflock bildet, der ja in Ruhe bleibt. Die Last aber ist das Meer, das vom Ruder fortgestoßen wird, und die Kraft, die den Wuchtbaum bewegt, ist der Ruderer. Die bewegte Last ist aber um so größer, je weiter derjenige vom Unterstützungspunkt entfernt wirkt, der die Last bewegt, weil dann der Hebelarm länger ist. Und der Ruderpflock als Unterlage ist der Drehpunkt. Nun ist in der Mitte des Schiffes der größte Teil des Ruders im Schiffsinnern,... Und deswegen bewegen die Ruderer in der Mitte des Schiffes dieses am meisten, da in der Mitte des Schiffes das Ende des Ruders vom Ruderpflock an gerechnet nach dem Innern am größten ist."[19]

---

[19] „Mechanik" Paragraph 4

Fig.5

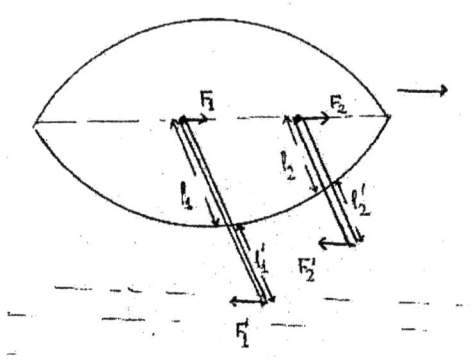

$F_1=F_2$ $l_1/l_1' > l_2/l_2'$ $F_1*l_1=F_1'*l_1' => F_1'=F_1*l_1/l_1'$ I
$\qquad\qquad\qquad\qquad F_2*l_2=F_2'*l_2' => F_2'=F_2*l_2/l_2'$ II

I+II => $F_1' > F_2'$
Man leistet mehr in der Mitte.

Ähnlich wird die Drehung des Schiffes erklärt. Das Pedal sei ein Hebel, bewegende Kraft sei die Kraft der See, welche das Pedal anrührt, und Drehpunkt sei die Achse, die das Pedal mit dem Rest des Schiffes verbindet.[20]
In Paragraph 9 fragt sich der Autor: „Warum bewegt man leichter und schneller, was durch große Kreise gehoben und gezogen wird, z.B. mit größeren Winden leichter als mit kleineren und ebenso Rollen? Gewiss deswegen, weil in der gleichen Zeit ein um so größerer Weg zurückgelegt wird, je größer der Halbmesser ist. Dies wird daher auch gelten, wenn die Belastung die gleiche ist, wie wir auch darlegten, dass bei größerem Waagebalken die Genauigkeit steigt: dort ist die Schere der Drehpunkt und die Waagebalken nach beiden Seiten sind die Halbmesser"[21]
Der Autor fährt mit Beispielen aus dem täglichen Leben fort, wo er die verschiedenen Funktionen der Instrumente mittels des allgemeinen Modells des Hebels erklärt.
In Paragraph 21 untersucht er, wie die Kneifzange eines Zahnarztes funktioniert. Er bemerkt, dass die Kneifzange aus zwei gegenteiligen Hebeln besteht und der Drehpunkt der Punkt der Bindung der Kneifzange ist.[22]

---

[20] „Mechanik" Paragraph 5
[21] „Mechanik" Paragraph 9
[22] „Mechanik" Paragraph 21

Fig. 6

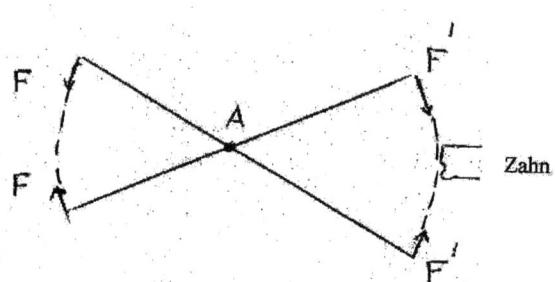

A: Drehpunkt

Zwei gegenteilige Hebel
Die Funktion des Nussknackers wird wie jene der Kneifzange erklärt, nämlich dass der Nussknacker ein doppelter Hebel sei.[23]

Ein Problem anderer Natur berührt das Beispiel in Paragraph 19 des Buches: „Warum spaltet ein Beil das Holz nicht nennenswert, wenn man es aufsetzt und mit einer schweren Last belastet, während jemand, der ausholt und zuschlägt, es spaltet, obwohl der Zuschlagende weit weniger schwer ist, als es die darauf gelegte und drückende Last war? Gewiss deswegen, weil man mit dem Schwung arbeitet und alles Schwere die Schwungkraft in der Bewegung eher bekommt als in der Ruhe. Wenn es bloß darauf liegt, fehlt diese Wucht, in der Bewegung dagegen hat es die eigene und die des Schlagenden. Auch wird das Beil zum Keil, und ein Keil spaltet trotz seiner Kleinheit große Massen, weil er aus zwei einander entgegen arbeitenden Hebeln besteht."[24]

Bemerkung:
Der Autor versteht gut, dass man für den Stoß der Axt auf das Holz zwei Komponenten braucht, um das Phänomen zu erklären. Er schreibt:
„Die Bewegung seines Gewichtes" und „die Bewegung dessen, was das Holz schlägt" oder „ durch die Bewegung bleibt das Gewicht nicht mehr dasselbe wie es im Stillstand ist". Unsere heutige Erklärung ähnelt der Erklärung des Autors, aber ist ein wenig von ihm verschieden. So schreiben wir:

---

[23] „Mechanik" Paragraph 22
[24] „Mechanik" Paragraph 19

$F=B+d_1/dt$, wobei F die schlagende Kraft, B das Gewicht (totales), d_1 die Veränderung des Momentums 1 (total) (Veränderung der Quantität der Bewegung) und dt die Zeit, zu der diese Veränderung stattgefunden hatte.
Zuletzt werden zwei Beispiele gegeben, in denen der Verfasser den Wurf eines Projektils behandelt. Aus „Mechanik" Paragraph 32: „Warum kommt ein geworfener Körper zur Ruhe? Etwa weil die Kraft aufhört, die ihn abgeworfen hat, oder wegen des Luftwiderstandes oder wegen seiner Schwere, wenn dieses das Übergewicht bekommt über die Kraft des Wurfes? Aber vielleicht ist diese Frage sinnlos, wenn man die Grundfrage übergeht!"[25]
Und das letzte Beispiel, das dem vorigen folgt:
„Warum bewegt sich etwas nicht auf der angefangenen Bahn, falls der Werfende nicht mitfolgt und weiterstößt? Sicherlich, weil die ursprüngliche Kraft so wirkte, dass sie etwas anstieß, was seinerseits den Stoß weitergibt, und dieses wieder ebenso. Das Ende der Bahn kommt, wenn die Kraft, die das Geschoss stößt, zu schwach wird, um zum Weiterstoß zu veranlassen. Auch wenn die Schwere des Geschosses über die vorwärts stoßende Kraft das Übergewicht bekommt."[26]

Bemerkung:
Als Grund des Falls des Körpers wird wie bei uns heute das Drehmoment des Gewichtes oder einfach das Gewicht angesehen. Wenn aber die treibende Kraft nicht in unmittelbarer Berührung mit dem Körper steht, dann fällt der Körper. Wir haben schon erwähnt, dass für Aristoteles galt, dass wenn
$F=0 \Rightarrow u=0$. Das Newtonsche Gesetz $F=0$ $u=const.$ ist unvorstellbar. Einen vollendeten Mechanismus für den Wurf und den Fall eines Projektils besaß die antike Zeit nicht.

Bemerkungen

Auch nach dem heutigen Stand der physikalischen Forschung kann man sagen, dass der Verfasser der „Mechanik" gut orientiert ist. Es fehlen ihm sicher die Symbole, die Formeln, im allgemeinen die Sprache der Physik, welche wir heute kennen.

---
[25] „Mechanik" Paragraph 32
[26] „Mechanik" Paragraph 33

Wenn man aber die „Mechanik" mit den Theorien der Vorsokratiker vergleicht, wird ein ungeheurer Unterschied erkennbar. Die Zeit der allgemeinen physikalischen Philosophie ist vorbei. Es gibt zwar physikalische Modelle, nur dass diese Modelle nicht mehr das Universum betreffen, sondern beschränkte Bereiche der wissenschaftlichen Arbeit. In der „Mechanik" zum Beispiel versucht der Autor anhand des Modells des Hebels verschiedene Funktionen unterschiedlicher Instrumente zu erklären. Wir haben in der Arbeit über Meteorologie gesehen, dass Aristoteles es so ähnlich gemacht hatte. Die spätere Periode der Hellenistischen Zeit, nicht auf dem Festland, aber in Alexandria, steht in unmittelbarer Kontinuität zum Geist der aristotelischen Schule.

Bibliographie

Aristoteles: „Kleine Schriften zur Physik und Metaphysik", Ferdinand Schöningh Paderborn 1957.

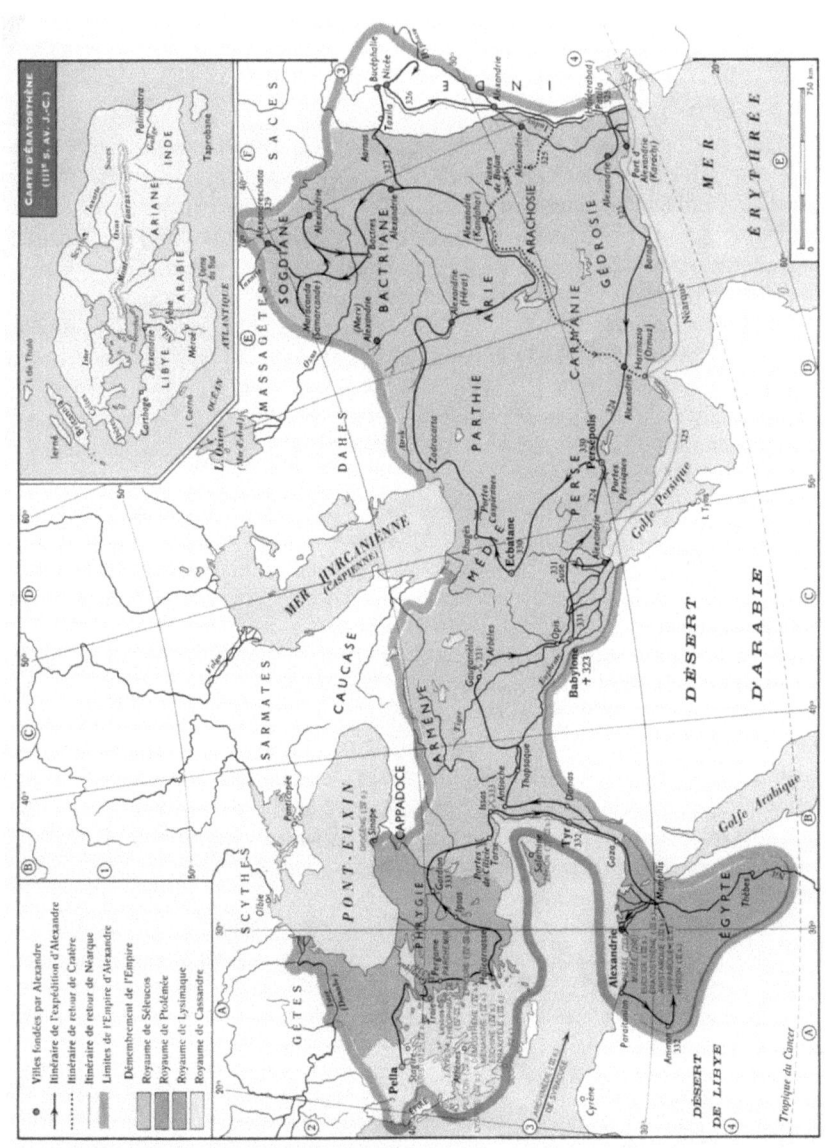

Die Technik der Hellenistischen Zeit

Die Mechaniker

Im Jahr 1997 fand in Köln im Römisch-Germanischen Museum eine Ausstellung statt mit dem Titel „Die neue Welt der Griechen". Unter diesem Titel war der Süden Italiens gemeint mit den Kolonien, welche die Griechen dort gegründet hatten. Es waren Exponate aus verschiedenen Städten, der in der Geschichte sogenannten „Magna Graeca". Einigermaßen könnte das so sein. Jedoch wenn wir die Analogien beibehalten wollen über das, was wir heute als Neue Welt bezeichnen (USA, Kanada; Australien), sollten wir anerkennen, dass die Neue Welt der Griechen ein wenig später in Ägypten war und ganz besonders nach Alexandria kam.
Alexandria wurde ungefähr im Jahr 300 v. Chr. gegründet und entwickelte sich schnell unter der Dynastie der Ptolemeer, deren Nachfolger Alexander der Große war, zum Zentrum der Hellenistischen Welt.
Alexandria blieb das Zentrum der Hellenistischen Welt bis zum Ende der Epoche, nämlich bis an die Anfänge der Christianischen Zeit im 6. Jahrhundert n. Chr. Besonders florierend waren die zwei ersten Jahrhunderte nach seiner Gründung, d.h. das 3. und 2. Jahrhundert v. Chr. Zwei Stiftungen wurden in dieser Epoche errichtet: das Museum und die Bibliothek.
Die Bibliothek war die reichste der antiken Welt mit über 500.000 Büchern. Das Museum war ein Forschungsinstitut (ohne Unterricht, mindestens in seinen Anfängen) im Modell des Lyzeums des Aristoteles. Die Aktivitäten erstreckten sich im wissenschaftlichen Bereich auf Grammatik, Literatur, Geschichte, bis zur Technik, Medizin, Geographie, Mathematik, Astronomie. Förderer der beiden Einrichtungen waren die Ptolomäischen Kaiser, und die Förderung war reichlich. Im Gegenteil dazu waren die Schulen in Athen privat. Das war ein Nachteil für die Forscher in Alexandria, weil sie abhängig von der Stimmung des jeweiligen Kaisers waren.
Einer der ersten Organisatoren der Funktion des Museums war Straton von Lampsakos (der Physiker), der auch Lehrer des Kaisers Ptolomeos Philadelphos war.
Der wissenschaftliche Geist, der von Athen nach Alexandria transplantiert wurde, war jener des Lyzeums, der peripatetischen Schule. Das ist nicht nur Straton zu verdanken, der sicher die wissenschaftlichen Entwicklungen in Alexandria beeinflusst hatte.
Es ist nicht zufällig, dass die Ptolomeer Straton aufforderten, als Organisator der Tätigkeiten des Museums zu wirken. Die Umgebung in der neuen Stadt war in-

ternational. Es gab Griechen, Juden, Ägypter, d.h. eine multikulturelle Gesellschaft, und folglich war die Orientierung des Staates auf den Handel ausgerichtet, was zu einer nützlichen Ausbeutung der Wissenschaft führte.

Aristoteles und das Lyzeum hatten schon eine Emanzipation erreicht, eine Trennung der Wissenschaft (die Physik inbegriffen) von der Philosophie, und so war der Weg für neue wissenschaftliche Fortschritte offen. Die zwei anderen Schulen, die nach dem Tod des Aristoteles entstanden waren, d.h. die Stoiker und die Epikureer, bieten zwar dem Athener Publikum gebildeter Menschen eine traditionelle allgemeine Bildung an, aber aus wissenschaftlicher Sicht können sie nicht den Forderungen der in Alexandria entstehenden Welt folgen. Beide Schulen, wie wir schon gesehen haben, bilden vielmehr eine anthropologische Philosophie aus, die nicht den Weg des Alexandrinischen Reichtums fördern konnte.
So blieb die Philosophie in Athen in Verfall, während die Wissenschaftler und Techniker in Alexandria konzentriert waren, jedoch ohne die Unterstützung einer verbreiteten wissenschaftlichen Bewegung, welche auch ein allgemeines physikalisches Denken aufweisen könnte.
Man kann sich vorstellen, dass diese Abwesenheit einer ausgebreiteten naturphilosophischen Bewegung ein wichtiger Grund des späteren Rückgangs der Alexandrinischen Wissenschaft gewesen ist.
Was die Technik dieser Zeit betrifft, ist zu bemerken, dass es zwar eine Kontinuität mit der früheren Zeit gibt, d.h. dass die Aktivitäten in verschiedene Technikbereiche wie Hafen-, Verkehr-, Kriegstechnik und Architektur auf normale Weise entfaltet werden, dass es aber gleichzeitig etwas Neues gibt, d.h. das Auf-

tauchen von Menschen, die ganz spezialisiert sind für die Planung und Funktion von für die Epoche eher komplizierten Maschinen. Die berühmtesten unter ihnen sind Ktesibios, Philon von Byzanz, Archimedes, welcher auch Mathematiker und Physiker war, wie auch Heron von Alexandria.
In unserer Arbeit werden wir uns mit den Druckwerken oder der Pneumatik der oben genannten Mechaniker beschäftigen, oder wie durch Ausnützung der gedrückten Luft eine Maschine funktionieren kann. Bei Archimedes werden wir das Gesetz der Tragkraft wie auch die Definition des spezifischen Gewichtes präsentieren.

Ktesibios

Ktesibios war der erste Mechaniker, welcher ein Werk über Pneumatik geschrieben hatte. Sein Werk aber ist nicht erhalten. Wir kennen ihn aus Berichten späterer Autoren wie Vitruv im Werk „De Architectura" und Heron von Alexandria.

Athen: „Die Glocke von Kyrristos (Der Windturm) Sonnenglocke".

Von Beruf war Heron wahrscheinlich Friseur wie sein Vater. Er soll gelebt haben im 3. Jahrhundert v. Chr., zwischen 300 v. Chr. und 230 v. Chr. wie A.G. Drachman angibt.[27]
Ktesibis ist erwähnt als Erfinder der Feuerspitze, der Wasserorgel oder Hydraulis und der Erfinder, der die Wasseruhr entwickelte hatte. Ihm werden auch zwei verschiedene Formen von Katapulten zugeschrieben und mindestens noch eine andere Kriegsmaschine.[28]
Hier präsentieren wir die Funktion der Feuerspitze, der Wasserorgel und der Wasseruhr von Ktesibios.

Eine gute Beschreibung der Feuerspitze finden wir im Buch „Les mechaniciens Grecs. La Naissance de la Technologie" von Bertrand Gille.[29]
„Wir nehmen zwei Kochtöpfe von Kupfer, jedes von ihnen mit Durchmesser 3 Spannen lang und 3 Ellen groß. Es seien *a* und *b* diese Kochtöpfe. Im Zentrum

---

[27] A.G. Drachman: „Ktesibios, Philon und Heron. A Study in Ancient Pneumatics", S 3f.
[28] A.G. Drachman: „Ktesibios, Philon und Heron. A Study in Ancient Pneumatics", S 3f.
[29] Gille, Bertrand: „Les mechaniciens Grecs. La Naissance de la Technologie", S 87f.

jedes von ihnen setzen wir eine Pumpe *cd* fest und senkrecht ein, in deren Basis öffnen wir das Saugventil *e*. Dort montieren wir einen Kolben, er sei *o*. Wir machen in der Pumpe einen Vorsprung, er sei *n*, und da öffnet sich das Druckventil, welches *θ* ist. Nun nehmen wir zwei Rohre, die wir in den Vorsprung montieren in der Position des Druckventils; die Größe jedes (Rohres) von ihnen ist 10 Ellen. Sie sind als *1K* markiert. Im Gipfel des Kolbens, im Punkt *o*, setzen wir in der äußeren Seite einen Stengel ein, welcher der Schwengel der Pumpe ist, und wir verbinden in diesem Hebel zwei Scharniere, wie wir es schon in dem Brunnen gemacht haben. In der Mündung der zwei Kochtöpfe setzen wir einen Deckel ein. Es ist notwendig, dass, wenn der Kolben oben gezogen ist, das im Kochtopf befindliche Wasser durch die Pumpe angesaugt wird, da das Saugventil von der Luft aufgehoben wird, also wird das Wasser angezogen und gelangt somit in die Pumpe. Wenn aber, im Gegenteil, der Hebel unten ist, schließt sich das Saugventil, das Druckventil öffnet sich, und das Wasser in den Rohren steigt, welches im Punkt *l* endet; da gibt es einen Wasserbehälter, er sei *s*. Es ist notwendig, dass es ständig Wasser in den Kochtöpfen gibt."

Fig.1

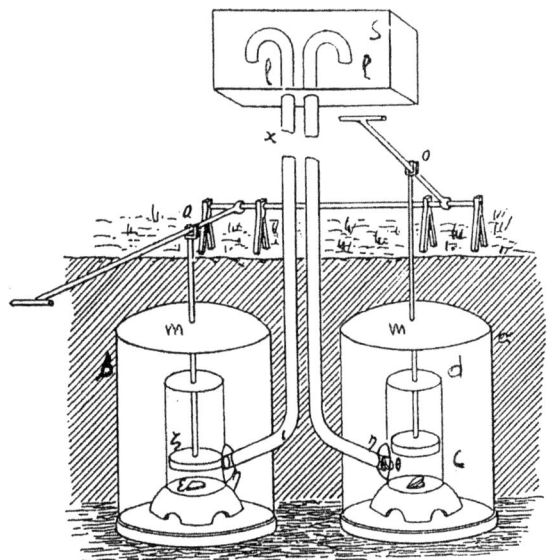

Les mécaniciens grecs

Pompe aspirante et foulante de Ctésibios

(aus: Gille, Bertrand: Les mechaniciens Grecs. La Naissance de la Technologie", S. 88)

Heron von Alexandria und Vituvius hatten dieselbe Pumpe mit einigen Ergänzungen erneut hergestellt.
Bertrand Gille bemerkt[30], dass das Erscheinen der Maschinen einige Probleme von Authentizität und Umsetzung in die tägliche Praxis aufwirft. Der Zylinder und der Kolben tauchen plötzlich und für das erste Mal in den antiken Zeiten auf. Er fährt fort, dass die Ägypter schon die Technik des Ausblasens durch Schläuche kannten, und sie hatten diese schon für medizinische Zwecke praktiziert. Bestimmte, sozusagen primitive Zivilisationen kannten schon den Zylinder und den Kolben, wie in Melanesia, Madagaskar und Amerika, und sie hatten sie benützt für das Blasen.
Aber die Feuerspitze von Ktesibios ist das erste Beispiel, das wir im abendländischen Europa antreffen. Die Herkunft dieses Mechanismus bleibt immer unbekannt.
Im folgenden bemerkt er, dass die Planung einer solchen Maschine nicht ganz bloß auf eigenen Erfahrungen beruhen könnte. D.h. es ist ein bestimmter Grad von wissenschaftlichen und technischen Kenntnissen erforderlich, besonders was die Funktion der Maschine betrifft.
In jedem Fall gibt es keine direkte Verbindung zwischen diesen und anderen Apparaten, die schon die Menschen der Antike praktiziert hatten. Es geht um eine Neuigkeit.
Die Schwierigkeiten der Fabrikation, kommentiert er, waren ein Hindernis für die Ausbreitung der Pumpe.

Die zweite Erfindung, die als eine Erfindung von Ktesibios von Heron von Alexandria, Philon von Byzanz, Vitruvius und arabischen Autoren erwähnt wird, war die Wasserorgel.

Bertrand Gille[31] beschreibt die Bestandteile dieser Orgel:
- die klingenden Röhren mit Pfeifen
- den Kasten für die Speicherung der Luft
- den mechanischen Blasebalg mit Pumpe oder durch Blasen
- das Klavier für die Leitung der Luft in den Röhren

Das Instrument, bemerkt er, hat in seiner Funktion die gleichen Prinzipien wie der bretonische Dudelsack oder der einfache Dudelsack.
Es gibt einen Luftbehälter, bestehend aus einem Schlauch im Dudelsack und einer Kiste als Orgel. Dieser Behälter wird durch Blasen gefüllt und später mittels einer Pumpe versorgt, welche genau die Feuerspritze ist, die wir früher gesehen haben.

---
[30] Gille Bertrand: „Les Mechaniciens Grecs", S. 88ff.
[31] Gille Bertrand: „Les Mechaniciens Grecs", S. 92ff.

Wir üben durch die Hand am Dudelsack einen Druck auf die Luft aus. Im Dudelsack betätigt diese Luft die Flöten, wo die Finger des Musikers wirken. Im Falle der Orgel wird die Luft in eine Reihe von Röhren mit Pfeifen dank des Klaviers geleitet, welches die verschiedenen Ausgänge der Röhren auf mechanische Weise öffnet oder schließt.
War das Instrument eine weitere Entwicklung eines früher bestehenden Instrumentes?
Bernard Gille sagt, dass alle antiken Autoren die Urheberschaft von Ktesibios anführen.

Fig.2

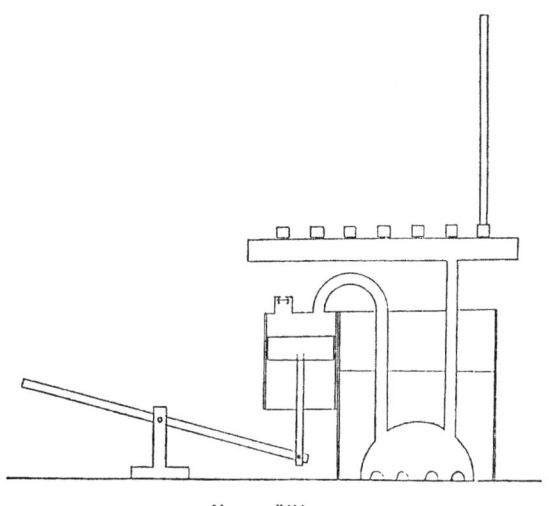

Les mécaniciens grecs

L'orgue d'Héron

Fig.3

Fig. 1 a and b. Terracotta model of a water-organ in the National Museum, Copenhagen, Department of Oriental and Classical Antiquities.

Die dritte Erfindung, welche Ktesibios zugeschrieben wird, ist die der Wasseruhr oder, genau genommen, eine Verbesserung der Nachtuhr, die schon in Platons Akademie in Gebrauch war.

Vor dieser Erfindung waren die Instrumente für die Messung der Zeit die Sonnenuhr und die Klepsydra. Die Sonnenuhr hat den Nachteil, dass die Zeit sich nur mit dem Sonnenschein messen lässt. Von der anderen Seite kann die Klepsydra nur für einen beschränkten Zeitraum die Zeit messen, da es keinen kontinuierlichen Zufluss des Wassers gibt.

Das Erscheinen der Wasseruhr kann man als einen großen Schritt vorwärts in der Messung der Zeit und in dem, was aus einer solchen genaueren Messung hervorgeht, bezeichnen.

Aus Hermann Diels[32] „Die antike Technik" zitieren wir: „Die große Schwierigkeit für die antike Uhr besteht in der Rücksicht, die sie auf die ungleichmäßige Dauer der Stunden nehmen muss. Wie die moderne Sonnenuhr es darin leichter hat als die antike, so erfordert auch die Wasseruhr, wie wir schon bei der rohen Signaluhr des Aineias sahen, eine Anpassung an den Wechsel der Jahreszeiten.

---

[32] Diels, Hermann: "Die antike Technik", S. 204ff

Da bei den Wasseruhren ein stetiger Zufluss des Wassers aus Leitungen vorausgesetzt wird, so kann jene Anpassung entweder bei dem Wasserzufluss oder bei dem durch das Wasser in Bewegung gesetzten Uhrzeiger vorgenommen werden. Für beide Arten des Uhrwerks ist Vorraussetzung, dass der Wasserdruck während des Auslaufens sich nicht vermindert, dass also die einmal als Norm zugrunde gelegte Menge des ausfließenden feinen Wasserstroms konstant bleibt. Man hätte dies auf einfache Weise dadurch herbeiführen können, dass man ein Sammelbecken vollaufen und den Überschuss oben ablaufen ließ, so dass dieses Becken stets gefüllt blieb und ein gleichmäßiger Wasserdruck gewährleistet blieb... Ich habe nach den allerdings unklaren Andeutungen des Vitruv in meiner Rekonstruktion der Uhr mit veränderlichen Zeigern eine Reguliervorrichtung mit Keilverschluss angebracht, der die Stetigkeit des Wasserdrucks ohne allzu große Wasservergeudung ermöglicht.

Fig.4

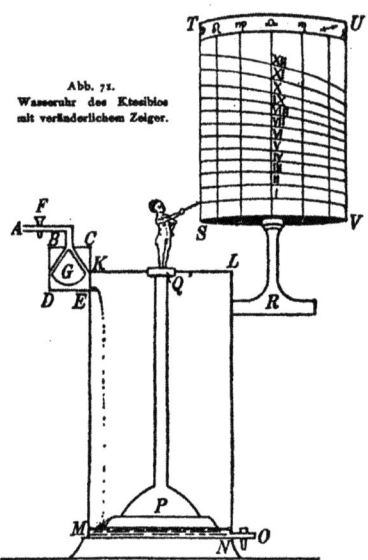

Fig.5

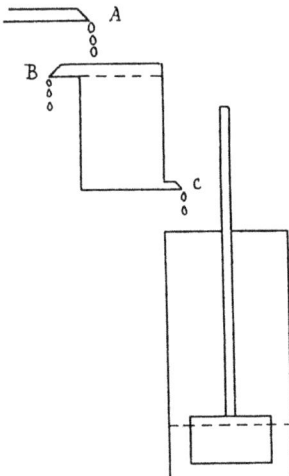

Fig. 2. Diagram of the first water clock.
More water comes into the klepsydra from
A than comes out at C; B is the overflow.
Text p. 18.

Das Wasser ergießt sich aus der durch den Hahn F abzuschließenden Leitung d in das Regulierbecken $BCDE$ und tritt bei E durch eine feine Röhre in das Sammelbecken $KLMN$ ein. Ist der Druck in der Leitung stark, so wird das Wasser in einem kleinen Becken nicht normal durch die Öffnung bei E abgeführt, sondern staut sich und hebt den keilförmig nach oben zugespitzten Schwimmer G in die Höhe, so dass der Zufluss von oben abgeschnitten ist. Ist dann das Wasser unten abgeflossen, senkt sich der Spiegel wieder, der Schwimmer fällt und erweitert die obere Einlauföffnung, so dass wieder die normale Höhe erreicht wird... So spritzt in feinem Strahle das Wasser in das Hauptbecken $KLMO$. Dort hebt es den Schwimmer P, auf dem oben ein Figürchen (sigillum) angebracht ist, das mit einer Rute (virga) die zwölf Stunden anzeigt. Sie sind in Horizontalkurven auf dem drehbaren Zylinder $STUV$ angebracht. Die horizontale Mittellinie, die sie schneidet (von dem Zeichen der Waage abwärts), gibt die Zeitmarken der Stunden zur Zeit der Gleichen an..."
Es gab verschiedene Modifikationen wie auch Verbesserungen dieser ersten Wasseruhr durch Ktesibios in der späteren Zeit.

Philon von Byzanz

Er wird als Schüler des Ktesibios erwähnt. Er soll am Ende des 3. Jahrhunderts in Alexandria wie auch auf der Insel Rhodos gelebt haben. In griechischer Sprache ist nur ein Buch erhalten, bzw. das Buch „Veloporika" aus seinem Werk „Mechanische Zusammenstellung", wo er die Kriegsmaschine beschreibt. Uns ist er bekannt aus arabischen Texten, die auch eine lateinische Übersetzung gehabt hatten.

Diese Texte sind als die „Pneumatik" oder die Druckwerke von Philon bekannt, wo er, wie vor ihm Ktesibios, die Funktion verschiedener Konstruktionen beschreibt, welche die Eigenschaften der Luft oder der Flüssigkeiten ausnützen. Man kann seine Arbeit heute in die Kapitel „Aerostatik" oder „Hydrostatik" der Physik einteilen.

Philons Experimente in „Pneumatik" weisen eine große Ähnlichkeit auf mit denen von Torricelli und Pascal im 17. und 18. Jahrhundert, ohne jedoch die Sprache der physikalischen Symbole zu benutzen. Dass er (wie auch Ktesibios) von dem „Peripatos" beeinflusst ist, steht außer Zweifel, da er sich von Anfang der „Pneumatik" an mit Beweisen über die Körperlichkeit der Luft befasst. Er stellt fest, dass es kein Vakuum gibt, sondern nur räumliche Abwechslungen von Luft und Wasser, dass es eine Verbindung zwischen Luft und Feuer gibt (die Theorie der vier grundlegenden Elemente). Philon folgt nämlich, wie auch sein Vorgänger Ktesibios, den Lehren der peripatetischen Schule.

In unserer Arbeit präsentieren wir einige von seinen Konstruktionen und Apparaten, welche in „Pneumatik" beschrieben werden.

Um die Körperlichkeit der Luft zu beweisen, macht Philon das folgende Experiment[33]:

Er nimmt ein Gefäß mit enger Mündung, an dessen Boden sich ein kleines Loch befindet, welches man mit Wachs verstopft. Man setzt das Gefäß mit der Mündung nach unten senkrecht ins Wasser. Somit dringt kein Wasser in das Gefäß ein. Man schließt daraus, dass das Gefäß nicht leer wahr, sondern der innere Raum voll mit Luft war. Das ist der Beweis der Körperlichkeit der Luft. Wenn man das Experiment fortsetzt und das Wachs vom Loch entfernt, dann ist zu bemerken, dass, wenn das Gefäß ins Wasser eintaucht, die Luft durch das Loch entweicht, wie es an den Luftblasen im Wasser zu sehen ist.

---

[33] Schmidt, Wilhelm: „Philons Druckwerke", S 461ff.

Fig.1

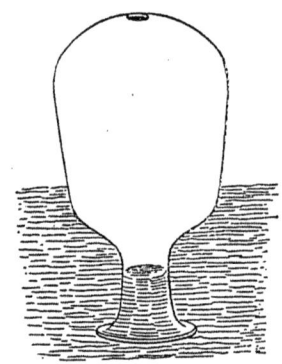

Philon nimmt die (atomistische) Auffassung an, dass die Materie, besonders die Luft, aus kleinen, nicht mit den Augen sichtbaren Teilchen (Atomen) besteht, welche sich sowohl drinnen wie auch außen mit Hilfe eines Vakuums trennen. So erklärt er die Mischung der vier zugrunde liegenden Elemente, z.B. die Mischung von Wasser und Luft oder Feuer und Luft. Er sagt[34], dass, obwohl die natürliche Bewegung des Wassers abwärts gerichtet ist, weil es ein schweres Element ist, es sich trotzdem auf künstliche Weise und, indem es sich der Luft anschließt, aufwärts bewegen kann.
Er wiederholt[35] im Paragraph IV S. 471, dass es nur künstlich passieren kann. Das bedeutet das Aufsteigen des Wassers, und dafür braucht man die geeignete Vorrichtung. So kommt er zu der Nutzung des Hebers, und er beschreibt verschiedene Vorrichtungen, welche mittels des Hebers das Wasser in Bewegung setzen. Es sei die folgende Beschreibung angegeben:

---

[34] Schmidt, Wilhelm: „Philons Druckwerke", S. 463ff.
[35] Schmidt, Wilhelm: „Philons Druckwerke", S. 461ff., Paragraph IV.

Fig.2

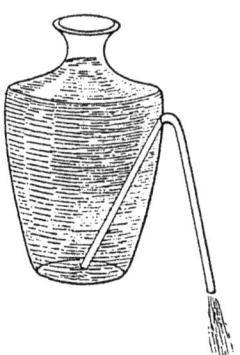

Das Gefäß ist voll von Wasser. Der Heber ist gebogen und ein Teil steht drinnen im Wasser, während der andere draußen ist. Wenn wir einen bestimmten Teil der Luft mit dem Munde ansaugen, so, wie bemerkt, wird das Wasser allmählich folgen und nachdem es angefangen hat zu steigen, wird sein Aufstieg ununterbrochen andauern, bis sich das Gefäß völlig entleert. Wie er bemerkt: „Der Zusammenhang des Wassers erleidet wenigstens nie eine Unterbrechung, wenn nicht die Luft dazwischentritt". Er fährt fort[36]: „Ist diese (Luft) aber in den Heber gedrungen, so wird sie den zähen Zusammenhalt des Wassers durchbrechen, das Wasser trennen und voneinander scheiden, während das Wasser, welches nicht in Bewegung war, aus den oben genannten Gründen ruhig am Platze bleibt.
Das zeige folgendes Beispiel: Man denke sich ein längliches völlig trockenes Gefäß.

Fig.3

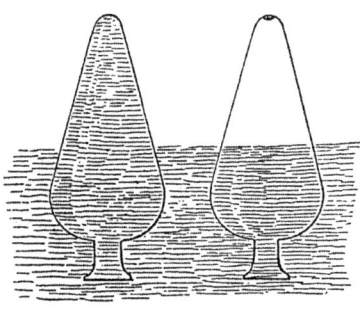

---

[36] Schmidt, Wilhelm: „Philons Druckwerke", Paragraph IV.

Dieses werde ins Wasser gestellt und zuvor niedergedrückt, bis es ganz voll ist, und indem man diese Füllung so beibehält, werde es allmählich emporgehoben, bis beinahe das ganze Gefäß herausgezogen ist, in dem nur sein Kopf unter Wasser bleibt. Hat man dies ausgeführt, bleibt dies Gefäß voll, obgleich es umgestülpt ist. Dass dem so ist, wird sich dem Auge zeigen, wenn jenes Gefäß aus Glas, Horn oder einem anderen derartigen Stoffe besteht... Befindet sich nun in dem Gefäß irgendein Loch, sei es auch noch so klein, durch welches die Luft einzudringen vermag, so wird das Wasser wieder nach der Stelle zurückkehren und abwärts fließen, wo es gewesen war. Aus unseren sämtlichen Bemerkungen ergibt sich also, dass das Wasser sich der Luft anschließt und damit in Berührung bleibt. Darum folgten sie sich immer abwechselnd."

Heute erklären wir, dass solche Vorrichtungen funktionieren, indem sie den Druckunterschied zwischen Luft und Wasser ausnützen, wie es der Heber macht, und so setzen sie das Wasser in Bewegung oder im allgemeinen sichern sie den Zufluss einer Flüssigkeit oder einer Luftmasse. Es folgt eine Beschreibung von Philon, welche an das heutige Thermoskop erinnert, das Instrument, welches auf der Basis des Temperaturunterschiedes funktioniert. Er versucht dieses damit zu erklären, wie die Elemente Feuer und Luft in Verbindung stehen. Er präsentiert die folgende Vorrichtung:

Fig.4

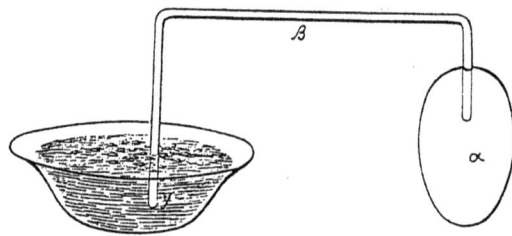

Die Kugel[37] ist der Sonne ausgesetzt, um sich zu erwärmen. Dann wird die Luft ausgedehnt und kommt auf die Kugel, welche das Wasser enthält. Da ruft die Luft viele Blasen hervor. Wenn aber, fährt er fort, die Kugel in den Schatten gestellt wird oder an irgendeine Stelle, zu der kein Sonnenstrahl dringt, so wird das Wasser durch die Röhre (Siphon) emporsteigen, bis es (bei der zweiten Biegung) nach unten in die Kugel fließt. Man bemerke, dass, auch wenn die Kugel mit Feuer sich erwärmt, dieselbe Wirkung erzielt wird oder selbst wenn man

---

[37] Schmidt, Wilhelm: „Philons Druckwerke", Paragraph VII.

heißes Wasser auf die Kugel gießt. Wird sie dagegen abgekühlt, so wird ein Teil des in dem Gefäß enthaltenen Wassers herauskommen. Von Interesse ist das folgende Experiment, nämlich ein Stechheber, das sogenannte Sieb des Aristoteles. Wir bekommen ein Gefäß, in dessen Boden wir kleine Löcher bohren. Dann tauchen wir dieses Gefäß mit verschlossener Mündung ins Wasser. Das Wasser fließt in das Gefäß hinein und kann nicht wieder ausströmen.

Fig.5

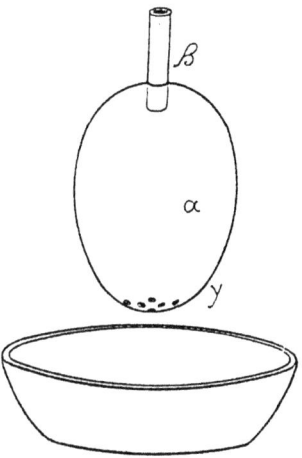

„Hält man nun bei einem derartig gefüllten Gefäß ein Blatt oder etwas Ähnliches an die Mündung, legt es mit der Hand darauf und kehrt das Gefäß ganz um, so wird das Blatt eine zeitlang hängen bleiben, gleich als ob es angeheftet wäre... Der Grund dafür liegt in dem Umstande, dass hier und dort das Wasser, welches zuströmt, zwar jene kleinen Löcher füllen, aber nicht weiter nach unten fließen wird, weil die Luft nicht hineinkommen kann, wenn kein Wasser austritt und ein (kontinuierliches) Vakuum unmöglich ist, wie oben gezeigt worden ist. Da also die Luft keinen Punkt hat, wo sie eindringen könnte, bleibt das Wasser stehen, ohne zu weichen."
Das Experiment erinnert an das von Torricelli in der Neuzeit, besonders das Umstülpen des Gefäßes. Philon erklärt alle diese Erscheinungen mit dem Schema des gegenseitigen räumlichen Wechsels von Wasser und Luft, bzw. damit dass es kein Vakuum in der Natur gibt. Torricelli hat ungefähr dasselbe Experiment durchgeführt (umgestülpte Röhre ins Wasser getaucht), um den Druck der

Atmosphäre zu messen. Die Erklärung, die wir heute annehmen, ist diese des Druckunterschiedes, der das Wasser daran hindert, auszuströmen. Zuletzt präsentieren wir ein Experiment und seine Konstruktion (konstanter Wasserspiegel), welche auf das Experiment der verbindenden Gefäße von Pascal verweist, d.h., wenn wir zwei mit Wasser gefüllte Gefäße durch eine Röhre in Verbindung setzen, dass dann Wasser von einem ins andere fließt, bis es zu dem selben Spiegel steigt oder bis der Druck in beiden Gefäßen ausgeglichen ist. Die Figur ist folgende:

Fig.6

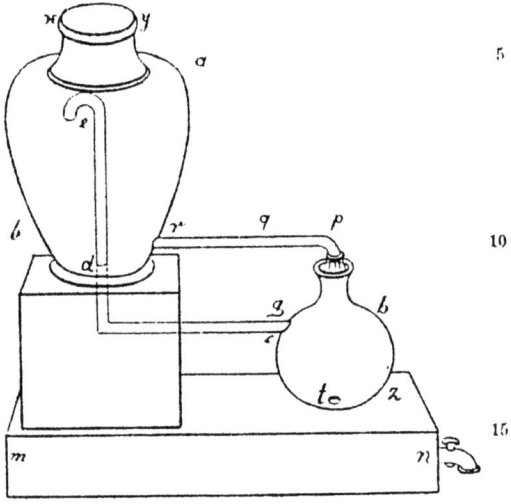

Fig. 119.

Fig. 7

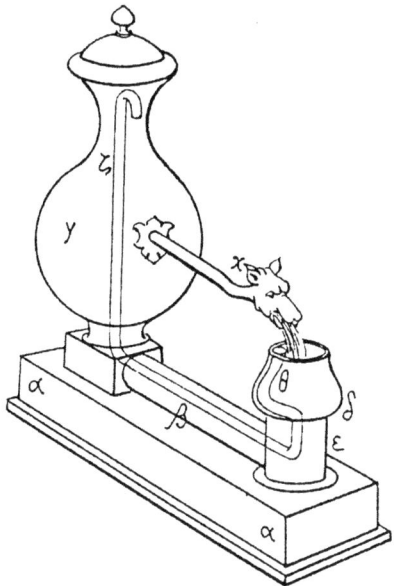

Das Wasser, welches im Gefäß ab enthalten ist, kommt durch die Röhre *rqp* ins *p* und fließt da ins Gefäß *ghz*. Der Deckel *xy* muss verschlossen bleiben. Wenn es bis *c* steigt, hört der Zufluss auf, weil, wie Philon erklärt, keine Luft mehr ins Gefäß *ab* treten kann (durch die Röhre *de*) bis die Mündung *c* (wieder) frei geworden ist. Dann wird das Wasser wieder wie vorher ausfließen. Und so wird der Wasserspiegel (im Gefäß *ghz*) immer in gleicher Höhe bleiben."[38]
Das Wasser im Gefäß *ab* soll nicht den Punkt *e* der Röhre *de* übersteigen. Wenn es nämlich einen Druckunterschied zwischen den Punkten *c* und *p* gibt, dann fließt das Wasser zu. Wenn aber der Punkt *c* mit Wasser verschlossen ist, dann hört der Zufluss des Wassers auf, weil sich die Punkte *c* und *p* unter demselben Druck befinden (verbindende Gefäße).
Philon gibt die Erklärung, dass es um den gegenseitigen Wechsel der Positionen von Luft und Wasser geht. Wo es früher Luft gebe, komme jetzt das Wasser und umgekehrt.

---

[38] Schmidt, Wilhelm: „Philons Druckwerke", Paragraph XII.

Anmerkung

Wir stellten in Bezug auf Philon die Experimente dar, die am meisten ein wissenschaftliches Interesse aufweisen und die in dem Buch von Wilhelm Schmidt „Die Druckwerke Philons von Byzanz" angeführt wurden. Carra de Veaux stellt in seinem Buch „Le Livre des Appareils Pneumatique et des Machines Hydrauliques" 65 solcher Experimente mit entsprechenden Figuren zusammen. Wie Schmidt bemerkt, sind sie nicht alle Philon zuzuschreiben, aber gehören zum technischen Niveau der Epoche, d.h. da werden Maschinen und Apparate präsentiert, die damals allgemein in Gebrauch waren.
Aus „Ktesibios" stammt die Figur 1, die Figur 2 aus Bertrand Gille, die Figuren 3 und 5 aus Drachmann und die Figur 4 aus Diels.
In „Philon" sind die Figuren 1, 2, 3, 4, 5, 7 aus Carra de Vaux und die Figur 6 aus Schmidt.

Bemerkung

Außer aus einem rein wissenschaftsgeschichtlichen Interesse über die Entwicklung der Technik und der Physik könnte man solche Apparate auch heute besonders für didaktische Zwecke benutzen, wie z.B. in der Präsentation einer Reihe von sozusagen „Hands on Experiments" für die Schule oder auch für die Lehrer, weil solche Experimente auf verständliche Weise die Funktion solcher prinzipieller Begriffe wie Messung der Zeit, Komprimierung der Luft oder Entkomprimierung des Wassers in der Praxis zeigen. Die Konstruktion der Apparate ist heute eher unkompliziert und kostet fast nichts. Außerdem können besonders die Lehrer in der Schule diese ersten theoretischen Erklärungen benutzen, die für die Schüler verständlicher sind, bzw. wo wir heute Druckunterschied, Temperaturunterschied benutzen, um die Bewegung der Luft oder Flüssigkeiten zu erklären, könnte auch das Modell des gegenseitigen Wechsels als eine erste Annäherung nützlich sein.

Bibliographie

Diels, Hermann: „Antike Technik", Verlag B.G. Teubner, Leipzig und Berlin 1924

Drachmann, A.G.: „Ktesibios, Philon and Heron. A Study in Ancient Pneumatics", Ejnar Munskgaard, Kopenhagen 1948

Gille, Bertrand: „Les Mechaniciens Grecs. La Naissance de la Technologie", Editions du Seuil, Paris 1980

Schmidt, Wilhelm: „Philons Druckwerke" in Herons von Alexandria Druckwerke und Automaten Theater, Verlag B.G. Teubner, Leipzig 1899

Vaux de Carra: „Le Livre des Appareils Pneumatics et des Machines Hydrauliques", Imprimerie Nationale, Paris 1903

Heron von Alexandria

Heron ist der Letzte der Mechaniker der Alexandrinischen Schule. Er soll im ersten Jahrhundert n. Chr. gelebt haben. Über sein Leben ist ebenso wenig bekannt wie über das Leben der anderen Mechaniker.

Anfänglich war er Schuster von Beruf in Alexandria. Er ist aber der Mensch, welchen wir am meisten durch seine Schriften kennengelernt haben. Es wird hier daran erinnert, dass Ktesibios keine Schriften hinterließ und die Arbeit von Philon von Byzanz nur fragmentarisch bekannt ist.

Heron fasst in seinem Werk das Werk der Mechaniker vor ihm zusammen, wie auch Aspekte des Werkes von Archimedes. Wie die anderen Mechaniker befasst er sich mit allen technischen Problemen seiner Epoche, z. B. der Planung von Kriegsmaschinen, Wasserglocken, Vorrichtungen für die Messung von Distanzen, Mathematik und Geometrie. Besonders nennenswert sind seine Druckwerke, deren Resonanz bis an die Anfänge der Neuzeit reichte.

Aus heutiger Sicht könnte man diese Druckwerke als angewandte Physik bezeichnen. Wir befassen uns hier mit dem Buch „Les Pneumatiques d'Heron d'Alexandrie"[39], das die Sammlung von Wilhelm Schmidt „Herons von Alexandria Druckwerke und Automatentheater"[40] verfolgt.

Das Buch beginnt mit einer Theorie der physikalischen Phänomene.[41]
Heron argumentiert, dass die Luft etwas Sinnliches oder Empfindbares oder, wie er sagt, ein Körper ist. Der Wind sei nichts anderes als bewegende Luft. Er kommt zu der alten Diskussion über das Problem der Existenz des Vakuums zurück, welches es nicht getrennt gibt, aber zerstreut zwischen den Molekülen der Luft oder der Flüssigkeiten mit Ausnahme des Diamants, welcher kein Vakuum enthält. Er nimmt die alte Auffassung über die vier Elemente an (Feuer, Luft Wasser, Erde), und erklärt, dass die Existenz des Vakuums die Verdickung oder Verdünnung und im allgemeinen die Verwandlung von einem Zustand in den anderen ermöglicht.[42]

Er wiederholt das Argument über die Existenz des Vakuums, welches schon Straton gebraucht hatte, dass das Eindringen der Strahlen ins Wasser ein Vaku-

---

[39] „Les Pneumatiques d' Heron d'Alexandrie", Publications de l'Université de Saint Etienne, 1997
[40] Wilhelm Schmidt, „Herons von Alexandria Druckwerke und Automatentheater", B.G. Teubner, Leipzig 1899
[41] „Les Pneumatiques d' Heron d'Alexandrie", Französisch und Altgriechisch, Buch I, S. 26-41
[42] a.a.O., S. 30-37

um voraussetze. Ansonsten könnten die Strahlen nicht das Wasser durchqueren.[43] Er stellt endlich fest, dass das Vakuum nicht naturgemäß produziert sei, sondern widernatürlich, indem die Körper die Positionen wechseln.[44]

Es kann hier bemerkt werden, dass die so gemeinte Existenz des Vakuums eine fruchtbare Idee ist, weil sie die Aufklärung der Elastizität der Flüssigkeiten und deren Eigenschaften ermöglicht. Die erste Materie, die Heron in seinen Vorrichtungen benutzt, ist die Luft oder der Wein oder das Wasser oder das Öl.

Bemerkenswert ist auch, dass Heron in seiner Auffassung der Materie sowohl die Existenz der vier Elemente, welche die Aristotelische Auffassung der Qualitäten war, wie auch die Atomistische Theorie der Materie von Demokrit kombiniert, in dem er annimmt, dass die Luft aus kleinen Partikeln besteht, so dass das Vakuum zwischen ihnen eindringen kann. Wir erinnern hier daran, dass schon Straton in der aristotelischen Schule eine solche Kombinierung eingeführt hatte. Zeitgenössische Autoren, (z.B. S. Sambursky) kommentieren und bezeichnen diese Kombination als eklektisch.

Nach unserer Meinung ist diese Kombination eine gut verknüpfte Kombination oder besser eine Fusion. Insofern kann es so angesehen werden, dass die vier Elemente und die zwei Gegensätzlichkeiten kalt-warm, trocken-feucht eine makroskopische Betrachtung schenken, während die Atomistische Auffassung die mikroskopische Erklärung gibt, und genau so benutzt Heron die beiden Theorien.

Heron nämlich schließt sich den Mechanikern vor ihm (Ktesibios, Philon von Byzanz), sowohl in seinen physikalischen Vorstellungen wie auch in den praktischen Anwendungen, wie wir weiter sehen werden, an.
Anfänglich befasst sich Heron in dem Buch I der „Pneumatik" mit der Funktion der Siphone oder wie man durch Saugheber den Zufluss einer Flüssigkeit ermöglichen kann.
So beschreibt er in Beispiel 1[45] des Buches I einen Siphon mit Kurve oder zwei Schenkeln, wo der eine in ein Gefäß mit Wasser eingetaucht ist und der andere draußen steht.

---

[43] a.a.O., S. 39
[44] a.a.O., S. 41f.
[45] a.a.O., S. 43f.

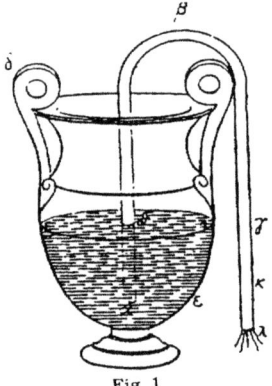

Fig. 1

Er sagt, dass, wenn wir durch die offene Mündung die Luft des Siphons saugen, das Wasser nach oben in den Siphon kommt, weil es ein Vakuum gebe und das Wasser in dieses Vakuum eindringt. So bemerke man, dass das Wasser trotz seines Gewichtes nach oben kommt (widernatürliche Bewegung). Voraussetzung sei, dass die Mündung des Siphons unter der horizontalen Fläche des Wassers steht; sonst höre der Zufluss auf. Wenn man den eingetauchten Schenkel zu nah an den Boden des Gefäßes stelle und gleichzeitig immer die vorige Voraussetzung gelte, kann das ganze Wasser das Gefäß verlassen.

Im Beispiel 3[46] des Buches I (Schmidt p. 40) beschreibt Heron die Entleerung eines voll mit Wasser gefüllten Gefäßes durch einen vertikalen Siphon (ohne Kurve).

---

[46] a.a.O., S. 49ff.

113

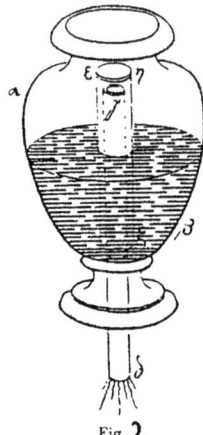

Fig. 2

Er bestehe aus zwei Röhren, deren eine einen kleinen Abstand vom Boden des Gefäßes habe, so dass das Wasser eindringen könne und das andere Ende sich in einer Mündung außerhalb des Gefäßes befindet, immer niedriger als die Oberfläche des Wassers. Der Vorteil eines solchen aufrechten Siphons sei, dass man immer die Mündung niedriger habe und so der Zufluss stetig bis zur vollständigen Entleerung des Gefäßes stattfinde.

Nachdem Heron den Zufluss durch Siphone (krumm oder aufrecht) gesichert hat, steht er dem Problem eines schlichten Zuflusses gegenüber, d.h. eines Zuflusses mit derselben Geschwindigkeit. Im Beispiel 4[47] (Schmidt p. 44) schlägt er die Einsetzung eines kleinen Behälters vor, den der eingetauchte Schenkel des Siphons durchquert.

---

[47] a.a.O., S. 53f.

114

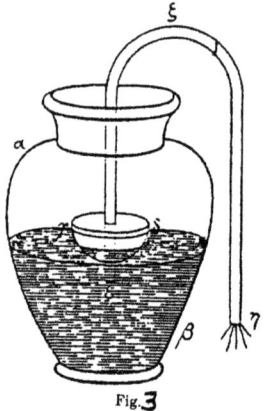

Fig. 3

Wie die Fläche des Wassers sinke, folge auch der schwimmende Behälter. So sei für eine bestimmte Zeit der Zufluss stabil, obwohl er sich von Anfang bis Ende der Entleerung unterscheide.

Eine endgültige Regulierung des Zuflusses, d.h. einen schlichten Zufluss während der ganzen Zeit der Entleerung, schafft Heron mit dem Patent des Beispiels 5^{48} (Schmidt p. 48), wo er durch die Einsetzung der Schraube das Sinken des schwimmenden Behälters nach Belieben regulieren kann.

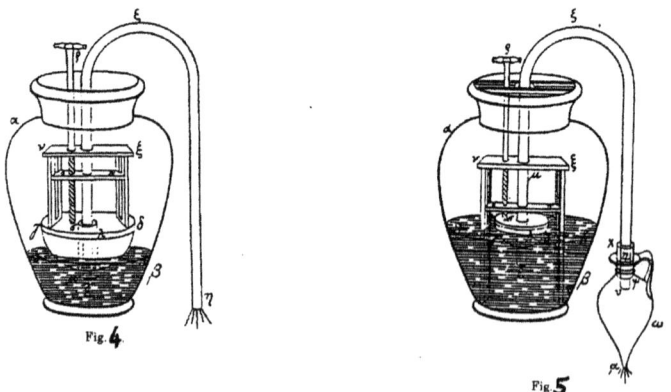

Fig. 4.   Fig. 5

In Fig. 5 ermöglicht die nebenstehende Vorrichtung das anfängliche Saugen des Wassers, d.h. man braucht nicht den Mund zu benutzen.

---

[48] a.a.O., S. 55f.

Das theoretische Schema, welches Heron zu oft in seinen Konstruktionen benutzt, ist dieses des gegenseitigen örtlichen Wechsels von Luft und Flüssigkeiten. Wir haben schon bei Aristoteles diese Erklärung gesehen, was er als „Antimetastasis" bezeichnet.

Im Beispiel 10[49] beschreibt Heron die Konstruktion und Funktion eines Brunnens.

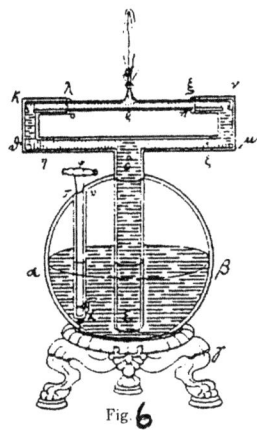

Fig. 6

Durch die Röhre, eine Art von Pumpe, dringt die Luft ins Wasser ein. Da sie das Wasser in der Kugel verdrängt, schießt es nach oben (widernatürliche Bewegung).

Von Interesse ist die Konstruktion des Paragraphs 19 (Schmidt p. 104)[50], wo Heron ein autoregulierendes Gießen von Wein in den Becher beschreibt oder das, was wir heute „Feedback" nennen.

---

[49] a.a.O., S. 66ff.
[50] a.a.O., S. 81ff.

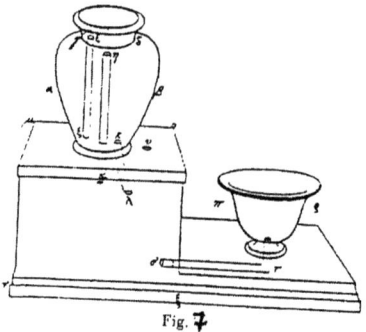

Fig. 7

Der Becher auf der rechten Seite wie auch die Basis sind voll von Wein. In das Gefäß auf der linken Seite gießen wir den Wein. Es gibt Röhren, welche die drei Behälter verbinden. Wenn man Wein vom Becher entnimmt, kommt durch die Basis anderer Wein, so dass der Becher immer voll sein kann. Voraussetzung ist, wie Heron sagt, dass die Ebenen des Weins im Becher und in der Basis auf der gleichen Höhe stehen. D.h., dass Heron ganz gut das Prinzip der in Verbindung stehenden Gefäße kennt, wie wir es übrigens bei Philon von Byzanz gesehen haben.

Eine Variante der vorigen Konstruktion bietet die Konstruktion des Beispiels 20[51]:

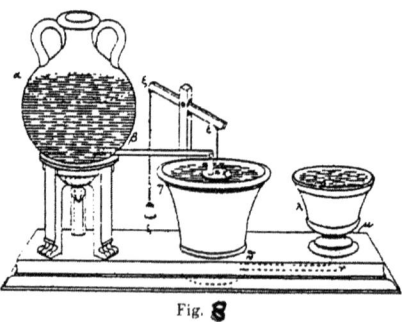

Fig. 8

Der Becher auf der rechten Seite ist mit dem Gefäß in der Mitte durch Röhren verbunden.
Es sollen die zwei Gefäße Wasser auf gleicher Höhe enthalten. Wenn man Wasser vom Becher der rechten Seite entnehme, sinke auch die Ebene des Wassers

---

[51] a.a.O., S. 83ff.

im Gefäß in der Mitte, und dann öffne sich die Röhre oder Leitung des Gefäßes auf der linken Seite.
Das Wasser komme in die Mitte und fließe von da in den Becher der rechten Seite, wo es das entnommene Wasser ergänze.
In dieser Vorrichtung ermöglicht der Mechanismus die Autoregulierung auf das Gefäß in der Mitte. Da gibt es ein hängendes Gewicht auf der einen Seite eines Hebers, an dessen anderer Seite ein Stück von Korken hängt.
Wenn das Wasser ins Gefäß in der Mitte kommt, ist das Gewicht gehoben. Wenn die Ebene des Wassers wieder auf der gleichen Höhe in den Gefäßen ist, verschließt der Korken die Mündung der Röhre, und das Gewicht kommt nach unten. Mit anderen Worten, der Mechanismus der Autoregulierung ist genau derselbe, wie wir ihn heute benutzen.
In der Konstruktion 25[52] verbindet er durch ein Siphon zwei Gefäße. Das eine ist mit Wasser, das andere, auf der linken Seite, mit Wein gefüllt.

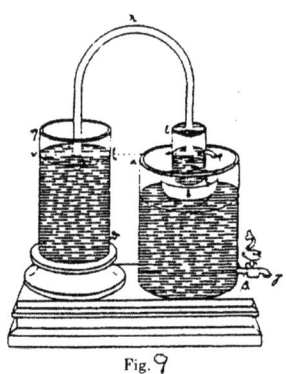

Fig. 9

Der Siphon durchquert einen Behälter, der im Wasser schwimmt und wo ein Wasserhahn installiert ist. Es gibt einen zweiten Wasserhahn unten im mit Wasser gefüllten Gefäß. Wenn man den Wasserhahn, welcher unten ist, öffne, dann sinke der Behälter und Wein fließe durch den Siphon in den Behälter ein. Das Volumen des einfließenden Weines ist dasselbe wie das Volumen des entnommenen Wassers. Das sei so bis aufs neue die Ebenen der Flüssigkeiten in den Gefäßen wieder auf die gleiche Höhe kommen.
Am Ende sei es eine Konstruktion, die viele Jahrhunderte später als prinzipielle Idee zum Bau einer Dampfmaschine genutzt wurde. Aus dem Buch II das Beispiel 11[53]:

---

[52] a.a.O., S. 91f.
[53] a.a.O., Buch II, S. 141f.

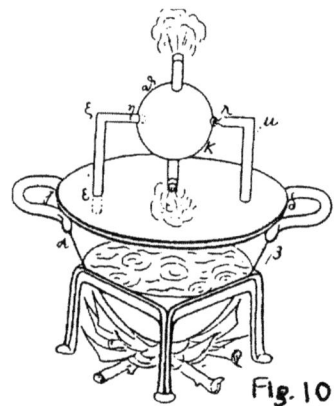

Fig. 10

Das erhitzte Wasser verwandelt sich in Dampf, und durch die Röhren kommt dieser an die Kugel, die mit zwei gekrümmten Röhren versorgt ist (siehe Figur 10). So setzen sie die Kugel in Bewegung. Die zwei gekrümmten Röhren senden den Dampf in entgegengesetzten Richtungen ab.

Bemerkungen

Heron ist der Letzte der Mechaniker der Alexandrinischen Zeit. Wenn wir sie als Mechaniker charakterisieren, ist damit gemeint, dass sie über gute wissenschaftliche Kenntnisse verfügten, dass ein allgemeines theoretisches Schema sie leitet. So konnten ihre praktischen Anwendungen ein breites Spektrum einschließen, welches ungewöhnlich für den Verlauf der Entwicklung der Technik ihrer Epoche war. Vor ihnen ermöglichten diese Entwicklung die Handwerker wie auch einfache Erfinder. So ist auch der Kursus der Technik nach ihnen. Nie wieder bis an die Anfänge der Neuzeit traten in der Geschichte solche Leute auf. So gesehen ist die Bezeichnung von Bertrand Gille als „die Geburt der Technologie" gerechtfertigt. Gerechtfertigt aber ist auch die Feststellung eines Niedergangs oder einer Blockierung dieser Kontinuität.

Bibliographie

„Les pneumatiques d'Heron d'Alexandrie», Publications de l'Université de Saint-Etienne, 1997.

Archimedes (287-212 v. Chr.)

Archimedes stammt aus Syrakus, im Süden von Italien, wo er auch sein Leben beendete. Er hatte viele Jahre in Alexandria studiert und gelebt, so dass man ihn in die Alexandrinische Schule einordnen kann.

Sein Werk erstreckt sich auf die Bereiche der Mathematik (er gilt in der Geschichte mehr als Mathematiker), der Naturwissenschaft und der Technik. Ihm werden die Erfindungen verschiedener Vorrichtungen und Instrumente zugeschrieben, wie Kriegsmaschinen, Wasserglocken und wie auch die Schraube, ein Apparat, der bis heute in Ägypten in Gebrauch ist und mit dem man Wasser pumpen kann.

Wir befassen uns hier mit seinem naturwissenschaftlichen Werk. Obwohl dieses Werk nicht breit ist, ist es trotzdem ein Werk, welches in die präzise Bestimmung der natürlichen Vorgänge einführt (mathematische Formulierung). Seine naturwissenschaftliche Arbeit betrifft drei Punkte: den Schwerpunkt der Körper und die Theorie der Hebel, das spezifische Gewicht der Körper, wo er der Diskussion über das, was schwer und leicht ist, ein Ende setzt, und drittens die Gesetze der schwimmenden Körper bzw. die Gesetze der Schwimmkraft.

Wir haben schon gesehen, dass die Theorie der Hebel (die Größe des Drehmoments) in der „Mechanik" benutzt wurde.
Archimedes formuliert seine Theorie in axiomatischer Weise. Im Buch I seiner Arbeit „Über das Gleichgewicht ebener Flächen oder über den Schwerpunkt ebener Flächen" stellt er die folgenden Postulate auf[54]
1. „Wir verlangen, dass die gleichen Gewichte im Gleichgewicht stehen, wenn sie von der gleichen Distanz (vom Drehpunkt) abhängig sind, wie wir auch verlangen dass, die gleichen Gewichte nicht im Gleichgewicht stehen, wenn sie nicht von der gleichen Distanz abhängig sind, so dass die Waage sich zu dem Gewicht neigt, welches von der größeren Distanz abhängig ist.
2. Wenn die Gewichte, vom Drehpunkt in bestimmter Distanz abhängig, im Gleichgewicht stehen und man zu einem von ihnen mehr Gewicht addiert, dann hält sich die Waage nicht, sondern neigt sich dem Gewicht zu, wo das Addieren stattgefunden hat.

---

[54] „Über das Gleichgewicht ebener Flächen", Buch I, Postulate 1, 2 3.

3. Ähnlicherweise verlangen wir, wenn man von einem Gewicht ein Stück abhebt, dass es dann kein Gleichgewicht gibt und die Waage zu der Seite des Gewichtes neigt, von welchem nichts abgehoben wurde."

Er fährt mit den folgenden Behauptungen fort[55]:

1. „Die Gewichte, welche im Gleichgewicht sind, das heißt von der gleichen Distanz vom Drehpunkt abhängig stehen, sind gleich:

Beweis:

Wenn sie nicht gleich wären, nämlich dann, wenn man von einem Gewicht ein Teil des Gewichtes abhebt, stehen die übrigbleibenden Gewichte nicht im Gleichgewicht, weil von im Gleichgewicht stehenden Gewichten etwas von einem von ihnen entnommen wurde (Postulat 2). Also (Postulat 1) sind die von gleicher Distanz im Gleichgewicht stehenden Gewichte gleich.

2. Die ungleichen Gewichte, welche in gleicher (vom Drehpunkt) Distanz gestellt werden, sind nicht im Gleichgewicht, sondern die Waage neigt sich zu der Seite des größeren Gewichtes.

Beweis:

Tatsächlich, wenn das zusätzliche Gewicht (der Unterschied) entnommen wird, dann werden sie im Gleichgewicht stehen, weil die von der gleichen Distanz abhängigen Gewichte im Gleichgewicht sind (Postulat 1). Wenn also das abgehobene Gewicht wieder hinzugefügt wird, dann wird sich die Waage zu der Seite des größeren neigen, weil etwas zu einem von ihnen addiert wurde, während sie im Gleichgewicht standen (Postulat 2).

3. Wenn ungleiche Gewichte, von ungleicher Distanz abhängig, im Gleichgewicht stehen, dann ist das größere von ihnen in die kleinere Distanz (vom Drehpunkt) gestellt.

---

[55] „Über das Gleichgewicht ebener Flächen", Buch I, Postulate 1, 2, 3.

Fig.1

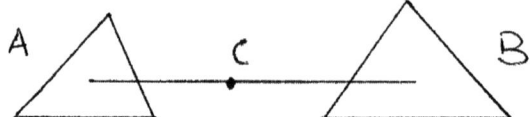

Beweis:

Es seien die ungleichen Gewichte A, B und es sei größer das A, und dass sie im Gleichgewicht stehen, indem sie von den Distanzen AC, CB abhängig sind. Es soll sich zeigen, dass AC kleiner als CB ist.
Nun soll gelten, dass sie nicht kleiner ist. Wenn nun das Übergewicht des A gegen über dem B entnommen wird, muss die Waage zu der Seite des B neigen, weil, während sie im Gleichgewicht standen, von einem von ihnen etwas abgehoben wurde (Postulat 3). Aber dieses ist unmöglich; weil, wenn die CA gleich zu der CB ist, die Gewichte im Gleichgewicht stehen sollen (Postulat 1), wenn aber die CA größer als die CB ist, soll sich die Waage zu der Seite des A neigen; weil die gleichen Gewichte, von ungleicher Distanz abhängig, nicht im Gleichgewicht stehen, aber die Waage sich zu der Seite des größeren hin neigt (Postulat 1). Deswegen ist die (Distanz) AC kleiner als die von CB. Nun ist es deutlich, dass die von ungleichen Distanzen abhängigen Gewichte, welche im Gleichgewicht stehen, ungleich sind und das größere Gewicht die kleinere Distanz (vom Drehpunkt) hat.

Die Proposition 4 betrifft den Schwerpunkt zweier Größen, welche in bestimmtem Abstand stehen[56]:

Proposition 4:

Wenn zwei Größen (Körper) nicht den selben Schwerpunkt haben, liegt der Schwerpunkt der von beiden Körpern zusammengesetzten Größe in der Mitte der Linie, welche die Schwerpunkte der zwei Größen verbindet:

---

[56] „Über das Gleichgewicht ebener Flächen", Buch I, Proposition 4.

Beweis:

Fig.2

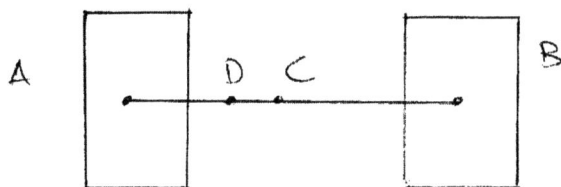

Es sei der Größe A der Schwerpunkt A zugeordnet und der Größe B der Schwerpunkt B und die Linie AB, deren Mitte das C ist; dann muss es bewiesen werden, dass der zusammengesetzte Körper das C als Schwerpunkt hat.
Es sei das nicht so, und es sei D der Schwerpunkt der zusammengesetzten Größe (es ist schon gezeigt worden, dass er auf der Strecke AB liegen wir). Weil nun der Punkt D der Schwerpunkt der zusammengesetzten Größe ist, muss es im Gleichgewicht stehen, wenn es von D abhängig ist.
Folglich werden die Größen A, B unmöglich im Gleichgewicht stehen, indem sie von den Distanzen AD und DB abhängig sind; (weil die gleichen Gewichte, von ungleichen Distanzen abhängig, nicht im Gleichgewicht sind) (Postulat 1).
Es ist nun deutlich, dass das C der Schwerpunkt des von beiden Körpern zusammengesetzten Körpers ist."

Obwohl an keiner Stelle im Buch die Größe des Drehmoments erwähnt ist, ist es die fundamentale Größe, mit welcher Archimedes das Gleichgewicht der Körper und die Funktion des Hebels erklärt. Ihm ist die Phrase zugeschrieben: „Gib mir einen Platz zu stehen, und dann bewege ich die Erde." Noch ist zu bemerken, dass die Probleme, mit welchen sich Archimedes in seinem Werk über das Gleichgewicht der Körper (Eigenschaft der Hebel) befasst, schon im Buch „Mechanik" der Aristotelischen Schule angesprochen wurden.
Andeutungen über die Existenz der Schwimmkraft hatte schon Aristoteles gemacht, wie wir in der Meteorologie sahen. Archimedes systematisierte und vollendete im Buch „Über schwimmende Körper" die Forschung über die Wirkung dieser Kraft. Die von ihm formulierten Lehrsätze sind bis heute in Geltung.

Aus diesem Buch zitieren wir[57]:
„Es sei vorausgesetzt, dass die Flüssigkeit einen solchen Charakter hat, dass von gleich gelegenen und zusammenhängenden Teilen, die stärker gedrückten die weniger gedrückten vor sich hertreiben, und dass jeder Flüssigkeit von der oberhalb seiner gelegenen Flüssigkeit in lotrechter Richtung gedrückt wird, wenn die Flüssigkeit nicht durch ein Gefäß oder andere Umstände gedrückt wird."

Im Paragraph 2 desselben Buches[58] beweist Archimedes den Satz: „Die Oberfläche jeder in Ruhe befindlichen Flüssigkeit ist eine Kugelfläche, deren Mittelpunkt der Mittelpunkt der Erde ist."
Er kommt weiter zu dem Studium der Körper, welche in eine Flüssigkeit eintauchen.

Aus Paragraph 3[59]:

„Feste Körper, deren spezifisches Gewicht gleich dem der Flüssigkeit ist, werden in die Flüssigkeit so weit eintauchen, dass ihre Oberfläche nicht aus der Flüssigkeit herausragt, werden aber auch nicht sinken."

Beweis:

Fig.3

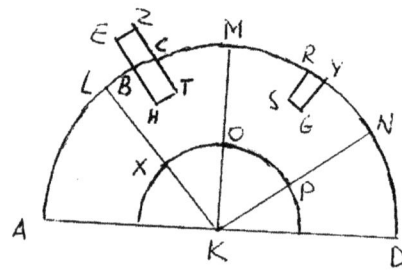

---

[57] „Über schwimmende Körper", Buch I, Einleitung, Übersetzung von Dr. Arthur Czwalina.
[58] a.a.O., Buch I, Paragraph 2.
[59] „Über schwimmende Körper", Buch I,, Buch I, Paragraph 3

Es werde ein fester Körper vom spezifischen Gewicht der Flüssigkeit in die Flüssigkeit hinabgelassen, und er soll wenn möglich über den Spiegel hinausragen, wobei die Flüssigkeit sich in Ruhe befindet. Es werde eine Ebene gedacht, die durch den Mittelpunkt der Erde, die Flüssigkeit und den festen Körper hindurchgeht. Diese Ebene schneide den Flüssigkeitsspiegel in dem Kreisbogen ABCD, den festen Körper in der Fläche EZTH, der Mittelpunkt der Erde sei K. Es befinde sich nun das Stück BCHT des Körpers innerhalb der Flüssigkeit, das Stück BEZC außerhalb. Es werde nun ein pyramidenförmiger Körper gedacht, der seine Grundfläche in dem Flüssigkeitsspiegel hat, seine Spitze im Mittelpunkt der Erde. Die Ebene, in der der Kreis ABCD liegt, schneide den pyramidenförmigen Körper in dem Sektor KLM. Es werde nun eine andere Kugelfläche mit dem Mittelpunkt beschrieben (XOP), die innerhalb der Flüssigkeit und unterhalb des Körpers EZHT verläuft. Sie schneidet die Zeichnungsebene. Es möge nun eine zweite, der ersten kongruente Pyramide, beschrieben werden, die nun die Zeichnungsebene im Sektor schneidet. In der durch diese zweite Pyramide begrenzten Flüssigkeit werde ein Flüssigkeitsvolumen RYGS gedacht, das dem Volumen BCHT, welches innerhalb der Flüssigkeit liegt, kongruent ist. Die Teile der Flüssigkeit nun, die innerhalb der ersten Pyramide in der Fläche XO liegen, befinden sich in gleicher Lage wie die entsprechenden Teile der Flüssigkeit innerhalb der zweiten Pyramide in der Fläche OP. Die Flüssigkeit in beiden Pyramiden hängt zusammen. Aber die Flüssigkeit in beiden Pyramiden wird nicht gleichmäßig gedrückt. Die Flüssigkeit in XO nämlich wird durch den Körper EZTH und die Flüssigkeit LBHTCMOX gedrückt, die Flüssigkeit in OP aber durch die Flüssigkeit MNPO. Dieses zuletzt genannte Gewicht ist aber leichter. Denn die Flüssigkeit RYGS wiegt weniger als der Körper EZTH. Es ist ja die Flüssigkeit RYGS von gleichem Gewicht wie der Körper BCHT, da die Volumina und die spezifischen Gewichte als gleich vorausgesetzt wurden. Es ist also klar, dass die Flüssigkeitsteile in XO die Flüssigkeitsteile in OP vor sich hertreiben. Daher wird die Flüssigkeit sich nicht in Ruhe befinden. Sie war aber als in Ruhe befindlich vorausgesetzt. Es wird die Oberfläche des Körpers nicht über den Flüssigkeitsspiegel hinausragen. Andererseits wird der Körper auch nicht weiter abwärts sinken. Denn alle in gleicher Lage befindlichen Flüssigkeitsteile werden gleichmäßig gedrückt, da der Körper das gleiche spezifische Gewicht hat wie die Flüssigkeit."

In Paragraph 4[60] ist der Satz bewiesen, dass „wenn ein Körper spezifisch leichter ist als die Flüssigkeit, so wird er nicht ganz in die Flüssigkeit tauchen, sondern es wird ein Teil von ihm über den Flüssigkeitsspiegel hinausragen". Der Beweis ist ähnlich dem des früheren Paragraphen bzw. der Beschreibung von Pyramiden

---

[60] „Über schwimmende Körper", Buch I, Paragraph 4

zweier fester Körper, welche in das in Ruhe befindliche Wasser eingetaucht werden.

Er nimmt wie früher an, dass der Körper voll ins Wasser getaucht werden kann, und dann beweist er, dass es unmöglich ist.

In den Paragraphen 5, 6 und 7 formuliert Archimedes die Gesetze der Schwimmkraft, wie wir sie heute kennen.

Paragraph 5[61]:

„Ein Körper taucht in eine spezifisch schwerere Flüssigkeit so weit ein, dass die von ihm verdrängte Flüssigkeitsmenge so schwer ist wie der ganze Körper."

Beweis:

Fig.4

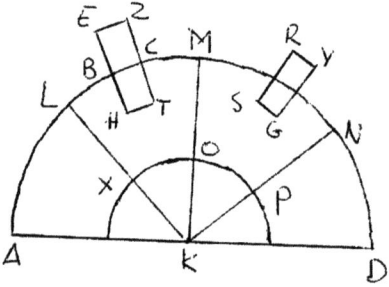

Es sei alles wie in Paragraph 4 konstruiert; die Flüssigkeit befinde sich in Ruhe, der Körper EZHT sei spezifisch leichter als die Flüssigkeit.

Da nun die Flüssigkeit in Ruhe ist, so waren die in gleicher Lage befindlichen Teile gleichmäßig gedrückt worden. Es werden also die Flüssigkeitsteile längs XO und OP gleichmäßig gedrückt werden. Daher sind die Gewichte, die den Druck ausüben, gleich. Es ist aber das Gewicht der Flüssigkeit innerhalb der ers-

---

[61] „Über schwimmende Körper", Buch I, Paragraph 5.

ten Pyramide, abgesehen vom Raum BHTC, gleich dem Gewicht der Flüssigkeit innerhalb der zweiten Pyramide, abgesehen von Raum RYGS. Es ist also klar, dass das Gewicht des Körpers EZTH gleich dem Gewicht der Flüssigkeitsmenge RYGS ist. Daraus folgt, dass die von dem Körper verdrängte Flüssigkeitsmenge so schwer ist wie der ganze Körper."

Der Satz könnte auch bewiesen werden durch Experimente, bzw. man kann den Körper ins Wasser eines Gefäßes eintauchen und das überflüssige Wasser wiegen. Archimedes aber folgt immer dem Weg der theoretischen Beweisführung, wie wir in den nächsten Paragraphen auch sehen werden.

Paragraph 6[62]

„Ein Körper der gewaltsam in eine spezifisch schwerere Flüssigkeit eingetaucht wird, wird mit einer Kraft in die Höhe getrieben, die gleich ist der Differenz der Gewichte der verdrängten Flüssigkeitsmenge und des Körpers."

Beweis:

Es sei ein Körper A spezifisch leichter als die Flüssigkeit.

Fig.5

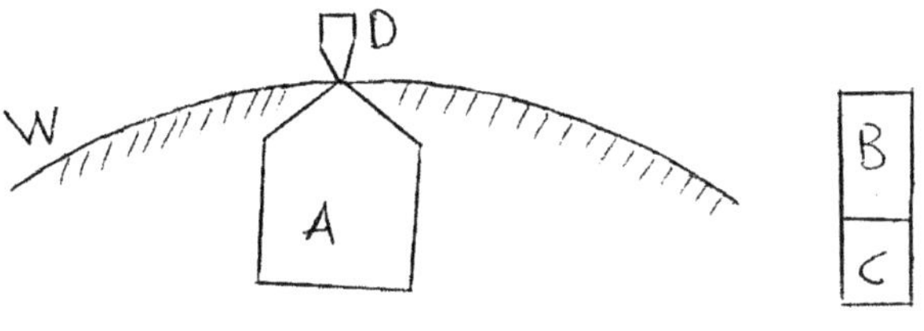

---
[62] „Über schwimmende Körper", Buch I, Paragraph 6.

Es stelle B eine Flüssigkeitsmenge dar, die so viel wiegt wie A. BTC stelle eine Flüssigkeitsmenge dar, die mit dem Körper raumgleich ist. Es ist zu zeigen, dass A, wenn es gewaltsam in die Flüssigkeit eingetaucht wird mit einer Kraft, die gleich dem Gewicht C ist, in die Höhe getrieben wird. Es wird nämlich D ein Gewicht sein, das dem Gewichte von C gleich ist. Die aus den beiden Gewichten A und D zusammengesetzte Masse ist leichter als die von ihr verdrängte Flüssigkeitsmenge. Das Gewicht von A+D ist nämlich so groß wie das von B+C. Das Gewicht aber der von A+D verdrängten Flüssigkeitsmenge ist größer als das von B+C, da ja schon A allein die Flüssigkeitsmenge B+C verdrängt. Wenn ich also den aus A und D zusammengesetzten Körper in die Flüssigkeit eintauche, so wir es so weit einsinken, bis die von ihm verdrängte Flüssigkeitsmenge das Gewicht des Körpers A+D besitzt. Denn dieses ist in §5 bewiesen worden. Es möge nun w die Oberfläche einer Flüssigkeit sein. Da nun die von A verdrängte Flüssigkeitsmenge soviel wiegt wie der Körper A+D, so ist klar, dass der Körper A+D mit dem Teil A eintauchen wird, dagegen mit Teil D über den Flüssigkeitsspiegel hinausragen wird. Wenn A+D nämlich in anderer Weise eintauchen würde, so würde dies mit unseren früheren Sätzen in Widerspruch stehen.

Es ist nun klar, dass A mit einer so großen Kraft in die Höhe getrieben wird, mit welcher es durch D heruntergedrückt wird, da ja keines der Gewichte A und D das andere in Bewegung setzt. D drückt aber mit dem Gewicht der Flüssigkeitsmenge C abwärts. Wir hatten nämlich vorausgesetzt, dass das Gewicht von D dem Gewicht von C gleich sei. Damit ist der Beweis der Behauptung erbracht."

Die Erforschung des Problems der Messung der Schwimmkraft vollendet Archimedes in Paragraph 7 mit dem Fall eines Körpers, der spezifisch schwerer als die Flüssigkeit ist.

Paragraph 7[63]:

„Ein Körper der spezifisch schwerer ist als die Flüssigkeit, sinkt in dieser bis zum Grunde hinab und wird in der Flüssigkeit um so viel leichter als die von ihm verdrängte Flüssigkeit wiegt."

---

[63] „Über schwimmende Körper", Buch I, Paragraph 7.

Beweis:

Dass der Körper bis zum Grunde der Flüssigkeit sinkt, ist klar, denn die ihm nahe liegenden Flüssigkeitsteile werden mehr gedrückt als die mit ihnen entsprechend liegenden Flüssigkeitsteile, da ja nach der Voraussetzung der Körper spezifisch schwerer ist als die Flüssigkeit. Dass er aber in der angegebenen Weise leichter wird, wird nunmehr gezeigt werden.

Fig.6

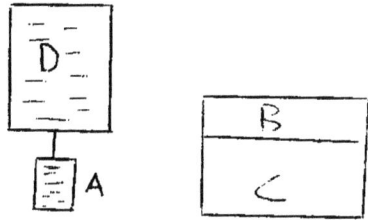

Es sei ein Köper A spezifisch schwerer als die Flüssigkeit; sein Gewicht sei B+C. B sei die von A verdrängte Wassermenge.
Es ist zu zeigen, dass der Körper A innerhalb der Flüssigkeit das Gewicht C hat.
Es sei nun ein Körper D spezifisch leichter als die Flüssigkeit, sein Gewicht sei gleich dem Gewicht von B, das Gewicht der von D verdrängten Flüssigkeitsmenge sei B+C. Der aus den Körpern A und D zusammengesetzte Körper ist so schwer wie die von ihm verdrängte Flüssigkeit.
Es hat nämlich das Gewicht von A+D die Größe B+C+B; das Gewicht der von A+D verdrängten Flüssigkeitsmenge aber ist ebenfalls B+C+B. Also wird sich der Körper A+D in der Flüssigkeit im Gleichgewicht befinden und weder steigen noch fallen. Der Körper A wird also nach unten mit derselben Kraft gezogen, mit der der Körper D nach oben gezogen wird.
Der Körper D aber, da er spezifisch leichter ist als die Flüssigkeit, wird mit der Kraft des Gewichtes C nach oben getrieben. Denn es ist bewiesen worden, dass die Körper, die spezifisch leichter sind als die Flüssigkeit und die mit Gewalt in die Flüssigkeit eingetaucht werden, mit einer Kraft nach oben getrieben werden, die gleich ist der Differenz der Gewichte der verdrängten Flüssigkeitsmenge und des Körpers. Es ist aber die von D verdrängte Flüssigkeitsmenge um das Gewicht C größer als das Gewicht von D. Es ist also klar, dass der Körper A mit der Kraft des Gewichtes C abwärts gezogen wird.

Bemerkung

Mit Ausnahme von Aristoteles, der erfolgreich den Weg für das Studium der irdischen Mechanik angefangen hatte, ist Archimedes der einzige Naturwissenschaftler jener Zeit, der seine Arbeit mit quantitativen Ergebnissen vollendet. Die Arbeit über die Hebel und das Gleichgewicht der Körper machen ihn zum Begründer der Statik der festen Körper, und die Einleitung des Begriffes des spezifischen Gewichtes ermöglichten ein präzises Studium der Mechanik der Flüssigkeiten. Mit Recht kann er auch als Begründer der Hydrostatik betrachtet werden. Er wollte mehr als Wissenschaftler und weniger als Mechaniker in die Geschichte eingehen. Und das ist auch eher so, wie er es wollte.

Mosaik „Archimedes' Ermordung"

Bibliographie

1. Archimedes: „Über schwimmende Körper", in: Ders.: „Über schwimmende Körper und die Sandzahl", auf deutsch von Dr. Arthur Czwalina, Akademische Verlagsgesellschaft M.B.H., Leipzig 1925
2. Archimedes: „Über das Gleichgewicht ebener Flächen oder über den Schwerpunkt ebener Flächen". Archimedes gesamtes Werk präsentiert von Evangelos Stamatis, hg. Von der Technischen Kammer Griechenlands, Athen 1973

Epilog

Wir haben in unserer Untersuchung eine Strecke von fast sechs Jahrhunderten zurückgelegt. Wir haben die Geburt der Naturphilosophie in den ionischen Städten gesehen, der sich die Geburt der Wissenschaft, der Physik inbegriffen, anschloss. Wir haben auch die Emanzipation der Physik verfolgt und endlich ihre Trennung von der Naturphilosophie, besonders durch die Aristotelische Schule in Athen während der klassischen Zeit. Es kamen dann die Geburt der Technologie, welche nach drei Jahrhunderten mit Heron als letztem Mechaniker in Verfall geriet.
Viele zeitgenössische Autoren haben die Frage gestellt: Warum passierte es so? Welche Gründe führten zu einem solchen Verfall?

Bertrand Gille[64] zählt zusammenfassend einige dieser Gründe auf:
- Verachtung der körperlichen Arbeit und der Tätigkeiten technischer Natur
- Einfluss der sozialen Organisation und der Sklaverei
- Verweigerung des technischen Fortschritts

Andere Autoren nennen auch wissenschaftliche Gründe, welche S. Sambursky zusammenfasst in dem Satz, dass die antike Wissenschaft niemals eine kritische Masse übertroffen hätte oder dass die Wissenschaft schwach gewesen wäre.

Trotz der oben genannten Erklärungen bleibt das Problem offen. Warum z.B., wo die antike Wissenschaft misslang, klappte es in den Zeiten der Renaissance? Ein vergleichendes Studium dieser beiden Epochen könnte vieles zeigen.
Aber auch von unseren Tagen ausgehend, könnte man es betrachten, dass in verschiedenen Regionen unserer heutigen Welt der Weg des technologischen Fortschritts nicht offen steht, vielmehr sieht man, dass starke Widerstände geleistet werden.
Aristoteles würde hierbei lächelnd kommentieren: „Deswegen habe ich nach der „Physik" die „Metaphysik" geschrieben. Man bedarf beider."

---

[64] Bertrand Gille, „La naissance de la Technologie", Kapitel « Le blocage », S. 171ff.

Schlussfolgerungen

A. Eine didaktische Wiederannäherung des Unterrichts der Physik und Technik in der Schule

Die Physik und ihre angewandte Ausdehnung Technik ist die Wissenschaft, die besondere Leistungen für die Verbesserung des Lebens in den letzten Jahrhunderten erbracht hat. Gleichzeitig hat diese Entwicklung negative Konsequenzen mit sich gebracht, so dass die Menschen ablehnend oder auch feindlich auf eine solche weitere Entwicklung reagierten. Das Problem scheint ein Neues zu sein, ein Problem der Epoche. Aber schon für die Anfänge des 20. Jahrhunderts merkt Hermann Diels[65] im Vorwort seines Buches „Die Antike Technik" den Bruch zwischen exakten und Geisteswissenschaften an. Auch früher im 19. Jahrhundert sind solche Reaktionen zu bemerken. Erwin Schrödinger schreibt in seinem Buch „Natur und die Griechen", dass in der heutigen Wissenschaft sich keine Farbe von einem bunten Leben widerspiegelt. Auf der anderen Seite verteidigt S. Sambursky die wissenschaftliche Entwicklung der Neuzeit, indem er behauptet, dass ihre Fundamente viel stabiler seien, weil im Vergleich mit der Wissenschaft der antiken Zeit, welche sich deduktiv entfaltete, die Entfaltung der neuen Wissenschaft induktiv war oder, wie man hier lesen kann, eine stufenweise Entwicklung. Und vielleicht liegt genau hier das Problem der Schwierigkeiten und der mangelhaften Überzeugungskraft der heutigen Didaktik der Physik. Diese Entwicklung geschah nämlich nahezu geheim, fast isoliert von der Gesellschaft, so dass der ursprüngliche Reichtum der Ideen und der historische Hintergrund noch heute außeracht gelassen werden. Auch heute betrachten viele Menschen die Physik und Technik als etwas, das nicht in die allgemeine Zivilisation des Menschen gehört.
Weitgehend nahmen die Wissenschaftler, und die Physiker sind keine Ausnahme, eine solche Isolierung an. Entsprechenderweise waren und sind auch heute die Bücher und die ganze Didaktik in einem Geist „wissenschaftlicher" Verengung gestaltet, welcher unrecht ist, weil er erstens nicht die geschichtliche Wirklichkeit reflektiert und zweitens, als Folge des vorhergehenden Punktes, die Wissenschaft und besonders die Didaktik sich ihres eigenen Charmes berauben. Hierbei kann man bemerken, dass das Geheimnis des Erfolges der antiken Autoren unter anderem darin besteht, dass sie nicht unter dieser Engheit litten. Sie konnten frei und einheitlich verschiedene Themen aufwerfen und behandeln, weil sie, und hier könnte S. Sambursky Einwände erheben, deduktiv ihre Wissenschaft wahrgenommen hatten.

---

[65] Diels, Hermann: „Die Antike Technik", Vorwort zur 1. Auflage

Wünschenswert wäre es, die verlorenen Verbindungen wiederherzustellen. Es ist immer noch ein Problem, wenn im täglichen Leben das Resultat des Denkens vorkommt (Technik) und das Denken, welches zu solchen Entwicklungen führte, hinter der Bühne bleibt.
Die geschichtliche Betrachtung der Physik (und der ganzen Wissenschaft) kann gut bei der Verbreitung, wie auch bei der Einführung in dieses Denken (Ziel der Didaktik) helfen.

B. Historisierende Physik und Technik im Unterricht

I. Geschichtliche Dimension des Physik- und Technikunterrichts

Martin Wagenschein[66] schreibt in seinem Buch „Die pädagogische Dimension der Physik" über einen integrierten Physikunterricht folgendes:

„So sollten wir also drei Forderungen an uns stellen (sie sind hier in Parallele zu den Meraner Beschlüssen geordnet):
1. Physik ist nicht als „Abklatsch" der Natur zu behandeln, sondern als eine Weise der menschlichen Auseinandersetzung mit der Natur, als eine Behandlungs- und Verstehensweise, die zu einer trotz ihrer Beschränkung machtvollen Sicht (einem Aspekt) der Natur führt und entsprechend zu einer bestimmten Verengung der menschlichen Teilnahme an der Natur.
2. Dieses Vorbild kann deshalb nicht Vorbild für andere Arten der Naturbezogenheit sein. Neben ihm gibt es andere gleichberechtigte Naturaspekte.
3. Nur wer die physikalische Sicht als eine beschränkende erfährt, kann durch sie gebildet werden. Diese besondere Sicht darf deshalb frühere, innerliche und ganzheitlichere Arten der Zuwendung zur Natur nicht zerstörend ersetzen und abbrechen, sondern soll sie, den Reifestufen des Kindes gemäß „verwandelnd bewahren". Das Gymnasium soll diesen Wandel sogar bewusst machen. Dieses „Verwandelt- Bewahren" wie es Eduard Spranger genannt hat, ist ein allgemein pädagogisches Prinzip, das der physikalische Unterricht, solange er sich als ein richtigstellendes Ausmerzen empfand, übersehen musste. Gemeint ist „die Bewahrung der Frühstufen" des Kindes „weil in ihnen etwas für die reife Stufe Unentbehrliches sich ausbildet, das als

---
[66] Wagenschein, Martin: „Die pädagogische Dimension der Physik", S. 99ff.

Fundament erhalten bleiben muss: andernfalls verkümmern Kräfte, deren auch die reife Kultur noch bedarf".
4. Dieser Standpunkt ist gleich weit entfernt von dem „romantischen Verweilen in der Kinderwelt" wie von dem, was wir so oft tun:
Wir warten nicht, bis die Kinder – unbewusst – nach dem Neuen drängen, sondern wir drängen ihnen das Neue verfrüht und unverstanden auf, amputieren, wo ein Organ sich bilden wollte, und montieren ihnen eine Prothese an. Diesen Bruch, wo er geschehen ist, zu heilen und in der Zukunft (weil er unnötig ist) zu verhüten, erscheint mir die allerwichtigste Aufgabe des physikalischen Unterrichts zu sein, die neu vor uns steht. Sie ist mit dem, was wir von jeher wollen, der „geistigen" Zucht also, nicht nur vereinbar, sie ist seine Vorraussetzung, wenn diese Zucht in einem heilen Geiste sich durchsetzen soll."

Martin Wagenschein rührt ein wichtiges Problem an, das Verhältnis der Wissenschaft und der Pädagogik, und stellt fest, dass, was wissenschaftlich richtig ist, nicht auch pädagogisch richtig sein muss.
Wissenschaft und besonders die Physik, wie wir sie heute lernen, ist eine Beschränkung oder ein „Abklatsch" der physikalischen Welt. Schon Werner Heisenberg teilt diese Auffassung, wenn er sagt, dass die Physik nur eine Tätigkeit des Menschen unter anderen zahllosen Tätigkeiten sein kann.
Ein historisierender Unterricht kann ein gutes didaktisches Mittel sein oder den „Bruch" verhüten. Gleichzeitig kann es in gewissem Grad die Geräumigkeit der physikalischen Welt wiederherstellen. Konkret gesprochen, wie wir es meinen, geben wir einige Beispiele. Wir wählen eine physikalische Größe, z.B. die Größe Werk (W), dessen Definition $W=F*S$, wobei F die Kraft, welche den Körper bewegt und S die Distanz, welche der Körper zurücklegt, ist.
Der Lehrer präsentiert die Größe in der Klasse und dann kommen sowohl für ihn als auch für die Schüler störende Fragen:
Wie tauchte diese Größe plötzlich auf? Womit kann man sie messen? Warum ist es so definiert; wer hat es so definiert? War es immer vorhanden oder was? Die Fragen können weitergehen, und ein kreativer Lehrer, welcher den erwarteten „Bruch" wahrnimmt, stellt sich zwangsläufig vieles vor und improvisiert. Hier kann man bemerken, dass die meisten Symbole, Größen und Formeln der Physik keine Geschichte in den didaktischen Büchern an sich tragen, sondern sie sind so aufgetaucht wie vom Himmel herabgesandt. Ihre Definition wird „operativ" genannt, und so nennen wir einige Funktionen, wenn wir nichts über sie wissen. Die Lage in der Klasse könnte viel besser sein, wenn wir schon den Ursprung und die Entwicklung der Größe oder der Begriffe wüssten. Wenn wir wüssten,

wie es eingeführt worden war, warum es so definiert ist, womit man es messen kann, usw.
Dann könnte man auf natürliche Weise und nach der Beendigung der Diskussion mit den Schülern aufzeigen, dass die Größe (oder Formel) eine beschränkte Rolle hat, dass man sie nicht überall anwenden kann, dass es andere Aspekte der Wirklichkeit gibt, welche auf andere Annäherungen angewiesen sind und endlich, dass der Weg immer offen für neue Verbesserungen bleibt.
Sicher kann eine solche Arbeit nicht von einem Physiker oder allgemein von einem Wissenschaftler allein durchgeführt werden. Es braucht die Zusammenarbeit von klassischen Philologen, Historikern der Wissenschaft und Technikern. Vielleicht käme es dann nicht zu so abwegigen Meinungen wie jener in den Anfängen des 20. Jahrhunderts von dem Autoindustriellen Ford geäußerten, dass „die Geschichte Scheiße ist".
Also ist die Unwissenheit über die geschichtliche Entwicklung der Begriffe der Physik (und nicht nur der Physik) ein Hindernis, welches die Didaktik erschwert.
Eine andere Schwierigkeit, welche nicht der Unwissenheit zugeschrieben werden kann, ist die der Verbindung der Wissenschaft mit der Didaktik der Wissenschaft.
Wissenschaft ist für Erwachsene. Didaktik der Wissenschaft ist für Heranwachsende. Diese einfache Wahrheit ist oft nicht klar geworden. Was einem erwachsenen Wissenschaftler gut dienen kann, ist meistens ganz ungeeignet für das Kind, welches nur gerade die Bahn zu laufen anfängt. Newton z.B. ist wissenschaftlich gesehen richtiger als Aristoteles, aber Aristoteles kann nützlicher sein als didaktisches Mittel als die Newtonsche Physik. Oft verstehen auch Historiker der Wissenschaft nicht diese Wahrheit. So vergleichen sie z.B. die Wissenschaft der antiken Zeit mit dieser der Neuzeit und folgern, dass sie im Gegensatz zueinander stehen, obwohl es viel nützlicher wäre (weil so das Leben ist) eine zeitliche Entwicklung anzunehmen, welche ein tieferes Verständnis der physikalischen Vorgänge mit sich brachte. Wir geben hier ein Beispiel einer solchen wissenschaftlichen Übertragung von Kenntnissen, welche die „Reifestufe" des Kindes außeracht lässt und den „Bruch" bewirken kann.
Wir kennen das Fallgesetz der Körper. Wenn wir einen Stein von einer bestimmten Höhe aus freilassen, fällt er auf die Erde. Wir erklären das so, dass die Erde den Stein wegen der Gravitationskraft anzieht. Wir sehen auch den Zyklus des Mondes rund um die Erde, und wir verallgemeinern und sagen, dass dieselbe Kraft den Mond in seiner Laufbahn hält, wie die Kraft (Gravitationskraft), welche den Stein auf die Erde bringt. Und dann fangen die Schwierigkeiten an: Warum, wenn es dieselbe Kraft ist, fällt nicht auch der Mond auf die Erde? Die Antwort des Lehrers kann nur sein, dass die Kraft vertikal auf die Bahn des Mondes wirkt. Weshalb das so ist? Es ist so, lautet die Antwort des Lehrers, weil die Gravitationskraft sich strahlenförmig von der Erde hinaus ausstreckt. So

muss hier der Lehrer über die Theorie der Felder sprechen, und es geht weiter mit den Komplizierungen. Warum geschah es? Weil der Schüler, das Kind, die Erfahrung der irdischen Phänomene schon hat, aber nicht das Wissen, um solche Verallgemeinerungen zu verstehen. Wissenschaftlich gesehen war die schon erwähnte Verallgemeinerung richtig. Pädagogisch gesehen aber war sie unerlaubt. Es wäre besser, wenn wir über die Auffassung des Aristoteles mit dem Schüler sprächen, nämlich die Auffassung von den natürlichen Orten, und die natürliche Tendenz der schweren Körper, nach unten zu kommen, und der leichten Körper, nach oben zu gehen. Später in den letzten Klassen der Sekundarstufe oder an der Universität, und insofern hätten wir es geschafft den „Bruch" zu vermeiden, wäre eine solche Verallgemeinerung erlaubt und nützlich.
Die Schwierigkeiten nehmen zu, wenn wir uns zur Unterstützung solchen Lernmaterials auf das Experiment berufen, da die Vorrichtungen wie auch die Durchführung des Experiments, welches die Wahrheit der Theorie beweisen soll, eher kompliziert sind und meistens nur die Bewunderung der Schüler hervorrufen (Vorführexperimente).

II. Die Benutzung der antiken Physik und Technik als didaktisches Material

a. Beispiele

Das heutige Niveau der Wissenschaft, wie auch der ganzen Gesellschaft, steht unvergleichlich über dem der antiken Welt.
Aus der Sicht aber der Didaktik der Wissenschaft, besonders der Physik, welche uns interessiert, kann die antike Physik nützlich sein, weil sie den Vorteil der ersten, primären, immer aktuellen Erklärungen für ein Kind oder einen Jungendlichen hat. Als Lernmaterial und als erstes Studium der Natur könnte sie ein stabiles Fundament sein. Anders gesagt, kann sie eine erste, richtige Orientierung in der Welt sein.
Wir geben hier einige Beispiele, wie wir uns diese Nutzbarmachung vorstellen:

1. Empedokles

Empedokles hatte die Theorie der vier Elemente eingeführt (Erde, Wasser, Luft, Feuer) oder dass die ganze Materie in ihren endlosen Erscheinungen auf diese vier letzten Elemente zurückführbar wäre. Der Lehrer kann die Schüler dazu aufrufen, die äußere Welt zu beobachten, von unten auf der Erde (Erde) bis oben zu den Sternen (Feuer). Zugleich kann er die Vielfältigkeit der Erscheinungen den Schülern deutlich machen. Selbstverständlich ist, dass man bei dieser Suche auf den offenen Raum angewiesen ist, d.h. dass die Beobachtungen (freiwillig) nicht in geschlossenen Räumen durchgeführt werden können, wie auch dass spezifische Experimente nicht nötig sind, sondern nur ein Appell an die Beobachtungsfähigkeit. So verstehen wir besser, warum Aristoteles Lektionen auf Spaziergängen hielt (peripatos), weil er so immer reichhaltig Gelegenheit hatte, seine Feststellungen an Ort und Stelle den Schülern zu zeigen. Nach einer bestimmten Zeit mit solchen Beobachtungen könnte der Lehrer die Schüler auffordern mitzuteilen, was sie als primäre Elemente vorschlagen möchten.
Auf natürliche Weise können sie es schaffen, die Theorie des Empedokles wiederzuentdecken. Diese Tatsache dient gut dem Ziel eines frühen physikalischen Unterrichts, weil die Schüler eine Orientierung oder eine erste Systematisierung schon besitzen. Die Methode, die der Lehrer in diesen Beobachtungen befolgen soll, kann nicht eine andere sein als jene, die Platon in seinem Ausbildungssystem vorgeschlagen hatte, nämlich eine Reihe lose miteinander verbundener Lektionen.
Bei Empedokles ist außerdem seine Theorie der Ausflüsse von Nutzen, oder wie ein Körper einen anderen beeinflusst. Hier kann der Lehrer die ganze Theorie der Felder entdecken, indem er die Schüler aufruft, Vermutungen über die eventuellen Mechanismen der sinnlichen gegenseitigen Wirkung anzustellen. Es ist dabei klar, dass solche Diskussionen eine qualitative Annäherung an die Natur suchen sollen, d.h. ohne physikalische Formeln.

2. Aristoteles

Neben der Theorie der vier Elemente hatte Aristoteles die Paare der Gegensätzlichkeiten kalt – warm, feucht – trocken als Erklärungsweise der bestehenden Verwandlungen eingeführt. Der Lehrer kann zusätzlich die Schüler fragen, wie sie sich die eventuelle Ursache der Verwandlungen vorstellen.
Von Aristoteles wieder kann seine erste Theorie der Zeit, d.h. dass „wir durch Bewegung die Zeit messen" und umgekehrt, dass „die Zeit die Bewegung

misst", benutzt werden. In diesem Punkt kann man einfache Vorrichtungen planen, wie z.b. ein Klepsydra, oder auch Hinweise auf die ersten Sonnen- oder Wasserglocken geben.
Von besonderer Bedeutung ist sicher die Mechanik von Aristoteles, welche wir später diskutieren.

3. Archimedes

In Verbindung mit dem Buch „Mechanik" können die Hebelgesetze von Archimedes auch quantitativ präsentiert werden. Wir meinen hier die Größe des Drehmoments $M=F*l$. Der Lehrer kann mit zahlreichen Vorführungen aus dem täglichen Leben (wie es der Verfasser des Buches „Mechanik" macht) zeigen, wie wir auf die Entdeckung der Größe des Drehmoments kommen, um das Drehen eines Körpers zu erklären. Die historische Kontinuität der menschlichen Tätigkeit und das Bedürfnis nach Lösungen kann der Lehrer gut aufzeigen.
Von Archimedes ausgehend ist die historische Entwicklung der quantitativen Formulierungen (physikalische Definitionen und physikalische Formeln) zu unterrichten als etwas Unvermeidliches beim Eingreifen des Menschen in die natürlichen Vorgänge (Technik).

4. Heron

Es können einfache Vorrichtungen aus dem Heronschen Werk präsentiert werden, und es gilt zu betonen, wie der Mensch durch List die physikalischen Gesetze für sich nutzt. Es muss unbedingt hierbei die theoretische Erklärung gegeben werden, d.h. dass wir nicht nur aus Not reagieren, sondern oft unsere Ziele vorprogrammieren, oder wie ein Mechaniker (Heron) ein schon vorhandenes Denken (Aristotelische Schule) in die Praxis umsetzen kann.

b. **Vorschlag für eine Unterrichtseinheit „Physik – Technik" im antiken Griechenland**

Die antike Physik und Technik kann gut in das Unterrichtsprogramm der letzten Klassen der Stufe I integriert werden. Wir meinen hier Kinder im Alter von 12 bis 15 Jahren.
Sie soll nicht als historisches Material unterrichtet werden, sondern im Hauptkorpus des Unterrichts dieser Stufe, d.h. als didaktisches Material. Von besonderem Interesse kann im Unterricht die antike Technik sein, weil sie einfach und verständlich ist und eine gute Gelegenheit bietet für einen Eintritt in die Welt der Technik.
Es müssen hier nicht eingefügt werden die atomistische Theorie Demokrits, wie auch die Mechanik von Aristoteles. Für beide wäre eine Einfügung in den Unterrichtsstoff der ersten Klassen der Stufe II besser.
Genau genommen meinen wir, dass die Aristotelische Mechanik neben der Himmelsmechanik und dem Fallgesetz präsentiert werden soll. Es wäre besser (weil das immer ein didaktisch sensibler Punkt ist), den Schülern zu zeigen, wie wir die irdische Physik von Aristoteles hinter uns lassen und auf die himmlische Mechanik von Newton kommen. Als Präsentationsmethode wäre eine Vergleichspräsentation der Aristotelischen und der Newtonschen Physik aufklärend.
Wie für die Aristotelische Mechanik, so ist auch der Vorschlag für die Atomistische Theorie Demokrits bzw. seine Einfügung in den ersten Klassen der Stufe II und als Einleitung in die Mikrophysik sinnvoll, wo im voraus aufgezeigt werden kann, dass die Demokritische Auffassung nur für die unbelebte Materie als Erklärungsweise brauchbar war. Selbstverständlich ist, dass die atomistische Theorie in dieser Stufe nur historisches Material sein kann.

Bibliographie

Diels, Hermann: „Die antike Technik", Vorwort zur ersten Auflage, Verlag B.G. Teubner, Leipzig/Berlin 1924.

Wagenschein, Martin: „Die pädagogische Dimension der Physik", Georg Westermann Verlag, Braunschweig 1965.